U0192615

气动系统装调与 PLC 控制

主　编　蒋召杰　单均镇
副主编　罗顺明　卢相昆
参　编　陆宏飞　何健毅
　　　　伏海军　潘协龙

机 械 工 业 出 版 社

本书以工作页的模式介绍了气动系统的安装、调试及 PLC 控制，主要内容包括：气动系统基础知识、气动系统方向控制回路的安装与调试、气动系统压力控制回路的安装与调试、气动系统流量控制回路的安装与调试、气动系统逻辑控制回路的安装与调试、气动系统行程程序控制回路的安装与调试、电气与气动系统综合控制回路的安装与调试以及气动系统维护与故障维修。

本书可作为技工学校、职业院校机械制造技术、机械加工技术、机电技术应用等专业的教学用书，也可作为机械行业相关技术人员的岗位培训教材及工程技术人员自学用书。

图书在版编目（CIP）数据

气动系统装调与 PLC 控制/蒋召杰，单均镇主编 . —北京：机械工业出版社，2021. 2（2024. 3 重印）
ISBN 978-7- 111-67503-7

Ⅰ. ①气…　Ⅱ. ①蒋…②单…　Ⅲ. ①气动技术②PLC 技术　Ⅳ. ①TH138②TM571. 61

中国版本图书馆 CIP 数据核字（2021）第 024749 号

机械工业出版社（北京市百万庄大街 22 号　邮政编码 100037）
策划编辑：侯宪国　责任编辑：侯宪国
责任校对：王　欣　封面设计：陈　沛
责任印制：单爱军
北京虎彩文化传播有限公司印刷
2024 年 3 月第 1 版第 5 次印刷
184mm×260mm · 13.5 印张 · 332 千字
标准书号：ISBN 978-7-111-67503-7
定价：39. 80 元

电话服务　　　　　　　　网络服务
客服电话：010-88361066　　机 工 官 网：www. cmpbook. com
　　　　　010-88379833　　机 工 官 博：weibo. com/cmp1952
　　　　　010-68326294　　金 书 网：www. golden-book. com
封底无防伪标均为盗版　机工教育服务网：www. cmpedu. com

前　　言

　　本书以项目实践课题为主线，打破传统教材的知识体系，基于任务整合相关知识点和技能点，根据"工作任务由简单到复杂，能力培养由单一到综合"的原则设计任务内容。本书采用"学习任务要求""工作页""信息采集""学习任务应知考核"等灵活的组织形式，让学生在气动回路或系统中认识气动元件，力求贯彻少而精的原则，体现实用性、先进性和实践性。

　　本书在阐述气动系统技术基本概念的基础上，依据"以应用为目的，以必需、够用为度，以讲清概念、强化应用为教学重点"的原则，突出对学生应用能力和综合素质的培养。

　　本书将企业的典型工作任务转化到学习领域，以工作任务为导向加强学生创新能力的培养，并进一步提高学生独立从事气动系统相关工作的能力。教材中元器件的图形符号、回路以及系统原理图全部按照现行国家标准绘制。

　　本书包括8个典型工作任务，分别为气动系统基础知识、气动系统方向控制回路的安装与调试、气动系统压力控制回路的安装与调试、气动系统流量控制回路的安装与调试、气动系统逻辑控制回路的安装与调试、气动系统行程程序控制回路的安装与调试、电气与气动系统综合控制回路的安装与调试以及气动系统维护与故障维修。本书可作为技工学校、职业院校机械制造技术、机械加工技术、机电技术应用等专业的教学用书，也可作为机械行业相关技术人员的岗位培训教材及工程技术人员自学用书。

　　本书由蒋召杰、单均镇任主编，罗顺明、卢相昆任副主编，陆宏飞、何健毅、伏海军、潘协龙参与编写，罗洪波副教授和林家祥教授负责审稿。

　　由于编者水平有限，书中不妥之处在所难免，恳请读者批评指正。

编　者

目 录

任务1 气动系统基础知识

1.1 学习任务要求

1.1.1 知识目标
1. 了解气动系统的特点、空气的性质。
2. 了解过滤器、油雾器、消声器、转换器的作用。
3. 了解气缸和气马达的分类。
4. 掌握气动系统的工作原理与组成、各部分的功用。
5. 掌握气源装置的组成和作用原理。
6. 掌握气缸和气马达的常用类型和结构。
7. 掌握气缸和气马达的应用及选择。

1.1.2 素质目标
1. 遵守现场操作的职业规范，具备安全、整洁、规范实施工作任务的能力。
2. 具有良好的职业道德、职业责任感和不断学习的精神。
3. 具有不断开拓创新的意识。
4. 以积极的态度对待训练任务，具有团队交流和协作能力。

1.1.3 能力目标
1. 会选用气源装置和各种气动辅助元件。
2. 能正确使用和维护气动三联件、消声器、转换器等气动元件。
3. 会正确选择气动系统的拆装工具、调试工具、维修工具和量具等，并按规定领用。
4. 会按正确的步骤拆装气缸。
5. 能正确选用和使用气缸与气马达。
6. 能严格遵守起吊、搬运、用电、消防等安全操作规程要求。
7. 能按照企业工作制度请操作人员验收，交付使用，并填写调试记录。
8. 能按照6S要求整理场地，归置物品，并按照环保规定处置废油液等废弃物。
9. 能写出完成此项任务的工作小结。

1.2 工作页

1.2.1 工作任务情景描述
图1-1所示为气动剪切机工作原理，图示为剪切前的预备状态。本次学习任务是完成对该气动剪切机气动系统气源装置及辅助元件的认知。

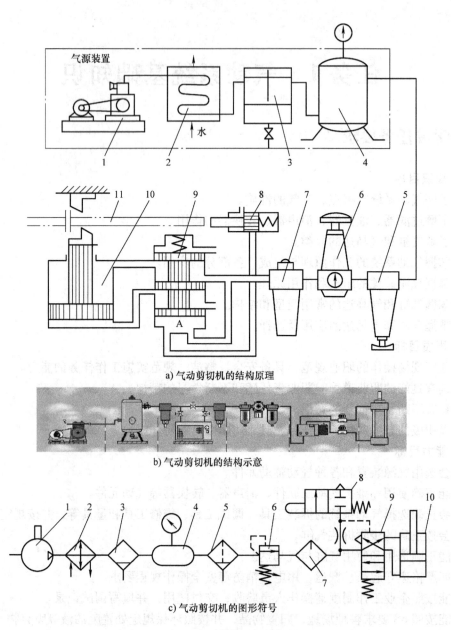

a) 气动剪切机的结构原理

b) 气动剪切机的结构示意

c) 气动剪切机的图形符号

图 1-1　气动剪切机的工作原理

1—空气压缩机　2—后冷却器　3—油水分离器　4—气罐　5—空气过滤器　6—调压阀
7—油雾器　8—行程阀　9—气控换向阀　10—气缸　11—物料

1.2.2　工作流程与活动

　　小组成员在接到任务后，到现场与操作人员沟通，认真观察气动剪切机气动系统装置，查阅该装置相关技术参数资料后，进行任务分工安排，制订工作流程和步骤，做好准备工作；在工作过程中，通过对气动剪切机工作原理的认知，完成该设备气动系统装置及辅助元件认知。任务完成后，请操作人员验收，合格后交付使用，并填写调试记录。最后，撰写工作小结，小组成员进行经验交流。在工作过程中严格遵守起吊、搬运、用电、消防等安全操作规程，按照现场管理规范清理场地、归置物品，并按照环保规定处置废弃物。

学习活动 1　接受工作任务、制订工作计划
学习活动 2　气源装置及辅助元件认知
学习活动 3　气动执行元件认知
学习活动 4　任务验收、交付使用
学习活动 5　工作总结与评价

学习活动1　接受工作任务、制订工作计划

学习目标

1. 能识读生产派工单，接受气动剪切机气动系统装置工作任务，明确任务要求。
2. 能查阅资料，学习气动剪切机气动系统的组成、结构等相关知识。
3. 查阅相关技术资料，认知气动剪切机气动系统的主要工作内容。
4. 能正确选择气动剪切机气动系统装置调试所用的工具、量具等，并按规定领用。
5. 能制订气动剪切机气动系统安装、调试的工作计划。

学习过程

仔细阅读下面的生产派工单，按照生产派工单提供的基本信息，查阅相关资料，明确工作任务的内容和要求。随着学习活动的展开，逐项填写生产派工单中的空白项目内容，完成学习任务。

生产派工单

单　号：		开单部门：		开单人：	
开单时间：　　年　　月　　日　　时　　分		接单人：　　部　　　小组			（签名）

以下由开单人填写

产品名称		完成工时	工时
产品技术要求			

以下由接单人和确认方填写

领取材料 （含消耗品）		成本核算	金额合计： 仓管员（签名） 　　年　月　日
领用工具			

（续）

操作者检测		（签名） 年　月　日
班组检测		（签名） 年　月　日
质检员检测		（签名） 年　月　日
生产数量 统计	合格	
	不良	
	返修	
	报废	

统计：　　　　　审核：　　　　批准：

根据任务要求，对现有小组成员进行合理分工，并填写分工表。

序号	组员姓名	组员任务分工	备注

查阅资料，小组讨论并制订气动剪切机气动系统安装调试的工作计划。

序号	工作内容	完成时间	工作要求	备注
1	接受生产派工单		认真识读生产派工单，了解任务要求	

活动过程评价自评表

班级		姓名		学号		日期	年　月　日		
评价指标	评价要素					权重（%）	等级评定		
							A	B	C	D
信息检索	能有效利用网络资源、工作手册查找有效信息					5				
	能用自己的语言有条理地解释、表述所学知识					5				
	能将查找到的信息有效地转换到工作中					5				
感知工作	是否熟悉工作岗位，认同工作价值					5				
	在工作中，是否获得满足感					5				
参与状态	教师、同学之间是否相互尊重、理解、平等					5				
	教师、同学之间是否保持多向、丰富、适宜的信息交流					5				
	探究学习、自主学习能不流于形式，能处理好合作学习和独立思考的关系，做到有效学习					5				
	能提出有意义的问题或能发表个人见解；能按要求正确操作；能够倾听、协作分享					5				
	能积极参与，在产品加工过程中不断学习，能提高综合运用信息技术的能力					5				
学习方法	工作计划、操作技能是否符合规范要求					5				
	是否获得进一步发展的能力					5				
工作过程	遵守管理规程，操作过程符合现场管理要求					5				
	平时上课能按时出勤，每天能及时完成工作任务					5				
	善于多角度思考问题，能主动发现、提出有价值的问题					5				
思维状态	能发现问题、提出问题、分析问题、解决问题、创新问题					5				
自评反馈	能按时按质完成工作任务					5				
	能较好地掌握专业知识点					5				
	具有较强的信息分析能力和理解能力					5				
	具有较为全面严谨的思维能力并能条理明晰地表述成文					5				
自评等级										
有益的经验和做法										
总结反思建议										

等级评定：A：好　　　B：较好　　　C：一般　　　D：有待提高

学习活动过程评价表

班级		姓名		学号		日期		年 月 日	
评价内容（满分100分）				学生自评/分	同学互评/分	教师评价/分	总评/分		
专业技能 （60分）	工作页完成进度（30分）						A（86~100） B（76~85） C（60~75） D（60以下）		
	对理论知识的掌握程度（10分）								
	理论知识的应用能力（10分）								
	改进能力（10分）								
综合素养 （40分）	遵守现场操作的职业规范（10分）								
	信息获取的途径（10分）								
	按时完成学习和工作任务（10分）								
	团队合作精神（10分）								
总分									
综合得分 （学生自评10%、同学互评10%、教师评价80%）									
小结建议									

现场测试考核评价表

班级		姓名		学号		日期		年 月 日	
序号	评价要点			配分/分	得分/分	总评/分			
1	能正确识读并填写生产派工单，明确工作任务			10		A（86~100） B（76~85） C（60~75） D（60以下）			
2	能查阅资料，熟悉气动系统的组成和结构			10					
3	能根据工作要求，对小组成员进行合理分工			10					
4	能列出气动系统安装和调试所需的工具、量具清单			10					
5	能制订气动剪切机气动系统工作计划			20					
6	能遵守劳动纪律，以积极的态度接受工作任务			10					
7	能积极参与小组讨论，团队间相互合作			20					
8	能及时完成老师布置的任务			10					
总分				100					
小结建议									

学习活动2　气源装置及辅助元件认知

学习目标

1. 能根据已学知识掌握气动系统元件的图形符号及其用途。
2. 能够根据任务要求，认知气源装置及辅助元件图形符号及其工作原理。
3. 能参照有关书籍及上网查阅相关资料。

学习过程

我们已经学习了气动系统的基本组成及基本原理，请您结合所学的知识完成以下任务。

1. 气源装置认知

1）查阅资料，请在图1-2中填写各组成部分名称。

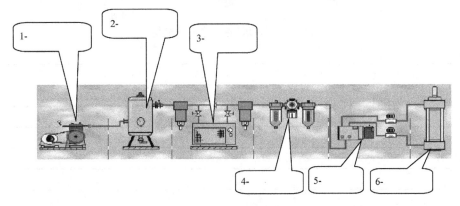

图1-2　气动系统示意图

2）查阅资料，请您与小组成员讨论后，描述图1-2所示气动系统示意图和各组成部分的功能。

① _____

_____

② _____

_____

③ _____

_____

④ _____

_____

⑤ _____

_____

⑥ _____

_____

3）查阅资料，请您与小组成员讨论后，在气动活塞式空气压缩机工作原理图（见图1-3）上填写相应组成部分的名称。

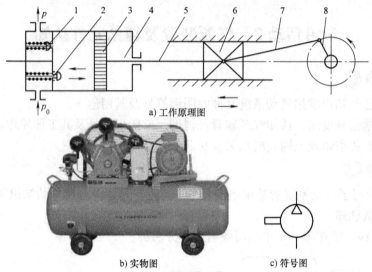

a) 工作原理图

b) 实物图　　　　c) 符号图

图 1-3　气动活塞式空气压缩机

1—_____

2—_____

3—_____

4—_____

5—_____

6—_____

7—_____

8—_____

4) 查阅资料，请与小组成员讨论后，在气动三联件示意图（见图 1-4）上填写相应组成部分的名称。

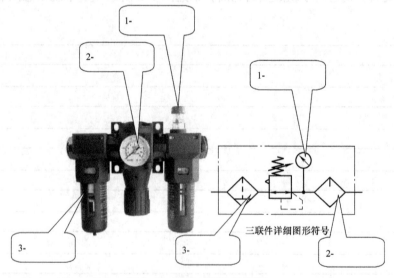

三联件详细图形符号

图 1-4　气动三联件示意图

2—

3—

5）查阅资料，请与小组成员讨论后，描述三联件的作用。

①

②

③

④

6）根据气源净化装置的名称，画出下表对应的气动元件符号。

序号	名称	结构图	实物	符号
1	风冷式后冷却器	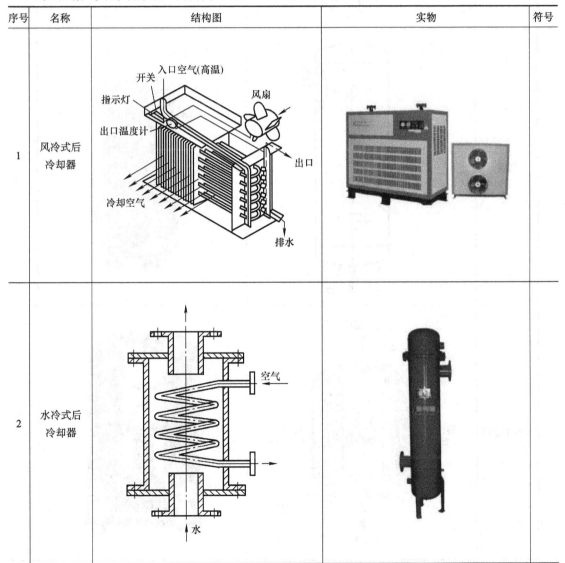		
2	水冷式后冷却器			

（续）

序号	名称	结构图	实物	符号
3	油水分离器			
4	气罐			
5	空气干燥器			

7）根据所学知识，描述气源净化装置各个元件的特点和用途。

① 描述风冷式后冷却器的结构特点和用途。

_____

_____

② 描述水冷式后冷却器的结构特点和用途。

_____

_____

③ 描述油水分离器的结构特点和用途。

_____

_____

④ 描述气罐的结构特点和用途。

_____

_____

⑤ 描述空气干燥器的结构特点和用途。

_____

_____

2. 辅助元件认知

1）根据气动辅助元件的名称，画出下表对应的气动元件符号，并写出其特点和用途。

序号	名称	结构图	实物	符号
1	空气过滤器			

（续）

序号	名称	结构图	实物	符号
2	油雾器			
3	消声器			
4	气管			

2) 根据所学知识, 描述气动辅助元件各个元件的特点和用途。

① 描述空气过滤器的结构特点和用途。

_____

_____

_____

② 描述油雾器的结构特点和用途。

_____

_____

_____

③ 描述消声器的结构特点和用途。

_____

_____

_____

④ 描述气管的结构特点和用途。

_____

_____

_____

评 价 与 分 析

活动过程评价自评表

班级		姓名		学号		日期	年 月 日		
评价指标	评价要素				权重(%)	等级评定			
						A	B	C	D
信息检索	能有效利用网络资源、工作手册查找有效信息				5				
	能用自己的语言有条理地解释、表述所学知识				5				
	能将查找到的信息有效地转换到工作中				5				
感知工作	是否熟悉工作岗位,认同工作价值				5				
	是否在工作中获得满足感				5				
参与状态	教师、同学之间是否相互尊重、理解、平等				5				
	教师、同学之间是否能够保持多向、丰富、适宜的信息交流				5				
	探究学习、自主学习能不流于形式,能处理好合作学习和独立思考的关系,做到有效学习				5				
	能提出有意义的问题或能发表个人见解;能按要求正确操作;能够倾听、协作分享				5				
	能积极参与,在产品加工过程中不断学习,能提高综合运用信息技术的能力				5				
学习方法	工作计划、操作技能是否符合规范要求				5				
	是否获得进一步发展的能力				5				

（续）

班级			姓名		学号		日期	年　月　日		
评价 指标	评价要素					权重 （%）	等级评定			
							A	B	C	D
工作 过程	遵守管理规程，操作过程符合现场管理要求					5				
	平时上课能按时出勤，每天能按时完成工作任务					5				
	能善于多角度思考问题，能主动发现、提出有价值的问题					5				
思维状态	能发现问题、提出问题、分析问题、解决问题、创新问题					5				
自评 反馈	能按时按质完成工作任务					5				
	能较好地掌握专业知识点					5				
	具有较强的信息分析能力和理解能力					5				
	具有较为全面严谨的思维能力并能条理明晰地表述成文					5				
自评等级										
有益的经 验和做法										
总结反思 建议										

等级评定：A：好　　B：较好　　C：一般　　D：有待提高

学习活动过程评价表

班级		姓名		学号		日期	年　月　日	
评价内容（满分100分）			学生自评/分	同学互评/分	教师评价/分	总评/分		
专业技能 （60分）	工作页完成进度（30分）					A（86~100） B（76~85） C（60~75） D（60以下）		
	对理论知识的掌握程度（10分）							
	理论知识的应用能力（10分）							
	改进能力（10分）							
综合素养 （40分）	遵守现场操作的职业规范（10分）							
	信息获取的途径（10分）							
	按时完成学习和工作任务（10分）							
	团队合作精神（10分）							
总分								
综合得分 （学生自评10%、同学互评10%、教师评价80%）								
小结建议								

现场测试考核评价表

班级		姓名		学号		日期		年　月　日
序号		评价要点			配分/分	得分/分		总评/分
1		能正确识读并填写生产派工单，明确工作任务			10			A（86～100）
2		能查阅资料，熟悉气动系统的组成和结构			10			A（86～100）
3		根据工作要求，对小组成员进行合理分工			10			A（86～100） B（76～85） C（60～75） D（60 以下）
4		能列出气动系统安装和调试所需的工具、量具清单			10			B（76～85） C（60～75） D（60 以下）
5		能制订气动系统气源装置及辅助元件认知工作计划			20			C（60～75） D（60 以下）
6		能遵守劳动纪律，以积极的态度接受工作任务			10			
7		能积极参与小组讨论，完成团队间相互合作			20			
8		能及时完成老师布置的任务			10			
总分					100			
小结建议								

学习活动 3　气动执行元件认知

学 习 目 标

1. 根据已学知识认识气缸、气马达的常用类型和结构，根据应用场合选择气缸和气马达。

2. 根据已学知识认识气缸和气马达的分类，并填写气动系统执行元件的图形符号及其用途。

3. 根据任务要求，会按正确的步骤拆装气缸。

4. 参照有关书籍及上网查阅相关资料，正确地选用和使用气缸和气马达。

学 习 过 程

我们已经学习了气动系统的基本组成及基本原理，认知气动执行元件，请您结合所学的知识完成以下任务。

1. 气缸的认知

（1）单作用气缸　查阅资料，请填写图 1-5 所示弹簧复位式单作用气缸各组成部分的名称，并描述其特点及用途。

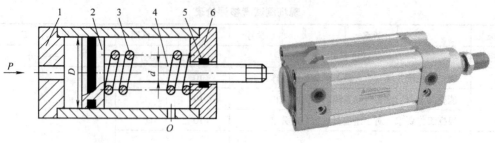

a) 结构示意图　　　　　　　　　　　　b) 实物图

图 1-5　弹簧复位式单作用气缸

弹簧复位式单作用气缸各组成部分的名称：

1—　　　　　　　　　　　　　　2—

3—　　　　　　　　　　　　　　4—

5—　　　　　　　　　　　　　　6—

特点和用途：

_____

_____

_____

（2）单杆双作用气缸　查阅资料，请填写图 1-6 所示单杆双作用气缸各组成部分的名称，并描述其特点和用途。

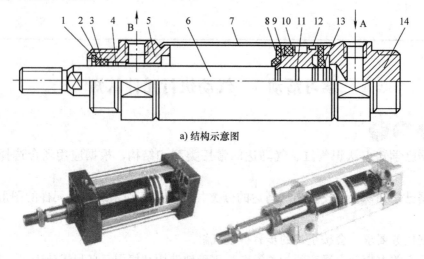

a) 结构示意图

b) 实物图

图 1-6　单杆双作用气缸的结构

单杆双作用气缸各组成部分的名称：

1—　　　　　　　　　　　　　　2—

3—　　　　　　　　　　　　　　4—

5—　　　　　　　　　　　　　　6—

7—　　　　　　　　　　　　　　8—

9—　　　　　　　　　　　　　　10—

11— 12—
13— 14—
特点和用途：_____
_____
_____
_____

（3）气液阻尼气缸 查阅资料，请填写图 1-7 所示气液阻尼气缸各组成部分的名称，并描述其特点和用途。

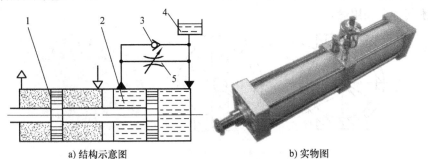

a) 结构示意图 b) 实物图

图 1-7 气液阻尼气缸的结构

气液阻尼气缸各组成部分的名称：
1— 2—
3— 4—
5—
特点和用途：_____
_____
_____

（4）冲击气缸 查阅资料，请填写图 1-8 所示冲击气缸各组成部分的名称，并描述其特点和用途。

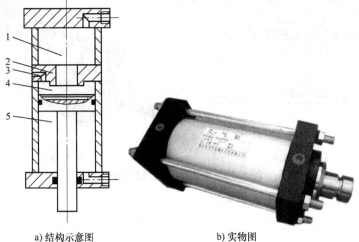

a) 结构示意图 b) 实物图

图 1-8 冲击气缸的结构

冲击气缸各组成部分的名称：

1— 　　　　　　　　　　　　2—

3— 　　　　　　　　　　　　4—

5—

特点和用途：_____

_____

（5）叶片式摆动气缸　查阅资料，请填写图 1-9 所示叶片式摆动气缸各组成部分的名称，并描述其特点和用途。

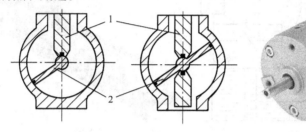

a) 结构示意图　　　　　　　　　b) 实物图

图 1-9　叶片式摆动气缸的结构

叶片式摆动气缸各组成部分的名称：

1— 　　　　　　　　　　　　2—

特点和用途：_____

_____

（6）带磁性开关气缸　查阅资料，请填写图 1-10 所示带磁性开关气缸各组成部分的名称，并描述其特点和用途。

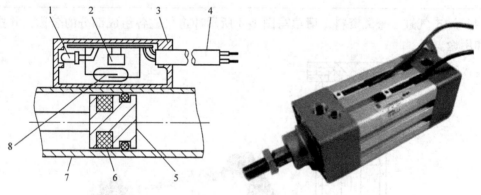

a) 结构示意图　　　　　　　　　b) 实物图

图 1-10　带磁性开关气缸的结构

带磁性开关气缸各组成部分的名称：

1— 　　　　　　　　　　　　2—

3— 　　　　　　　　　　　　4—

5—　　　　　　　　　　　　　　　6—
7—　　　　　　　　　　　　　　　8—
特点和用途：_____
_____
_____

（7）带阀组气缸　查阅资料，请填写图 1-11 所示带阀组气缸各组成部分的名称，并描述其特点和用途。

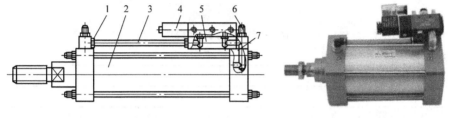

a) 结构示意图　　　　　　　　　　　　b) 实物图

图 1-11　带阀组气缸的结构

带阀组气缸各组成部分名称：
1—　　　　　　　　　　　　　　　2—
3—　　　　　　　　　　　　　　　4—
5—　　　　　　　　　　　　　　　6—
7—
特点和用途：_____
_____
_____
_____

（8）双轴气缸　查阅资料，请描述图 1-12 所示双轴气缸的特点和用途。

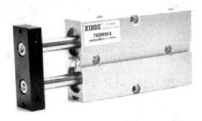

图 1-12　双轴气缸

特点和用途：_____
_____
_____
_____

（9）气动手指气缸　查阅资料，请描述图 1-13 所示气动手指气缸的特点和用途。

图 1-13　气动手指气缸

特点和用途：_____

_____

_____

2. 气马达的认知

（1）叶片式气马达　查阅资料，根据所学知识，小组讨论，请填写图 1-14 所示叶片式气马达各组成部分的名称，并描述其特点及用途。

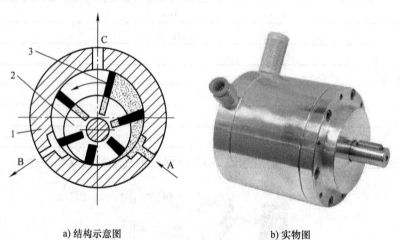

a) 结构示意图　　　　　　　　　　b) 实物图

图 1-14　叶片式气马达结构

叶片式气马达各组成部分名称：

1—_____　　　2—_____

3—_____

特点和用途：_____

_____

_____

（2）五缸径向活塞式气马达　请填写图 1-15 所示五缸径向活塞式气马达各组成部分名称，并描述其特点及用途。

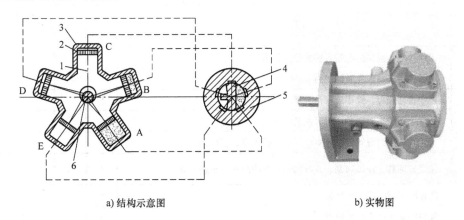

a) 结构示意图　　　　　　　　　　　　　　　b) 实物图

图 1-15　五缸径向活塞式气马达的结构

1— _____　　　2— _____
3— _____　　　4— _____
5— _____　　　6— _____
特点和用途：_____
_____
_____
_____

评 价 与 分 析

活动过程评价自评表

班级		姓名		学号		日期	年　月　日		
评价指标	评价要素					权重（%）	等级评定		
							A	B	C	D
信息检索	能有效利用网络资源、工作手册查找有效信息					5				
	能用自己的语言有条理地解释、表述所学知识					5				
	能将查找到的信息有效地转换到工作中					5				
感知工作	是否熟悉工作岗位，认同工作价值					5				
	是否在工作中获得满足感					5				
参与状态	教师、同学之间是否相互尊重、理解、平等					5				
	教师、同学之间是否保持多向、丰富、适宜的信息交流					5				
	探究学习、自主学习能不流于形式，能处理好合作学习和独立思考的关系，做到有效学习					5				
	能提出有意义的问题或能发表个人见解；能按要求正确操作；能够倾听、协作分享					5				
	能积极参与，在产品加工过程中不断学习，能提高综合运用信息技术的能力					5				

（续）

班级		姓名		学号		日期	年　月　日		
评价指标	评价要素				权重（%）	等级评定			
						A	B	C	D
学习方法	工作计划、操作技能是否符合规范要求				5				
	是否获得进一步发展的能力				5				
工作过程	遵守管理规程，操作过程符合现场管理要求				5				
	平时上课能按时出勤，每天能及时完成工作任务				5				
	善于多角度思考问题，能主动发现、提出有价值的问题				5				
思维状态	能发现问题、提出问题、分析问题、解决问题、创新问题				5				
自评反馈	能按时按质完成工作任务				5				
	能较好地掌握专业知识点				5				
	具有较强的信息分析能力和理解能力				5				
	具有较为全面严谨的思维能力并能条理明晰地表述成文				5				
自评等级									
有益的经验和做法									
总结反思建议									

等级评定：A：好　B：较好　C：一般　D：有待提高

学习活动过程评价表

班级		姓名		学号		日期		年　月　日	
评价内容（满分100分）		学生自评/分	同学互评/分	教师评价/分	总评/分				
专业技能（60分）	工作页完成进度（30分）								
	对理论知识的掌握程度（10分）								
	理论知识的应用能力（10分）				A（86~100） B（76~85） C（60~75） D（60以下）				
	改进能力（10分）								
综合素养（40分）	遵守现场操作的职业规范（10分）								
	信息获取的途径（10分）								
	按时完成学习和工作任务（10分）								
	团队合作精神（10分）								
总分									
综合得分 （学生自评10%、同学互评10%、教师评价80%）									
小结建议									

现场测试考核评价表

班级		姓名		学号		日期	年　月　日
序号	评价要点				配分/分	得分/分	总评/分
1	能正确识读并填写生产派工单，明确工作任务				10		A（86~100） B（76~85） C（60~75） D（60以下）
2	能查阅资料，熟悉气动系统的组成和结构				10		
3	能根据工作要求，对小组成员进行合理分工				10		
4	能列出气动系统安装和调试所需的工具、量具清单				10		
5	能制订气动系统执行元件认知工作计划				20		
6	能遵守劳动纪律，以积极的态度接受工作任务				10		
7	能积极参与小组讨论，团队间相互合作				20		
8	能及时完成老师布置的任务				10		
总分					100		
小结建议							

学习活动4　任务验收、交付使用

1. 能完成设备调试验收单的填写，明确验收要求。
2. 能按照企业工作制度请操作人员验收，交付使用。
3. 能按照企业要求进行6S管理要求检查。

学 习 过 程

根据任务要求，熟悉调试验收单格式，并完成验收单的填写工作。

设备调试验收单

调试项目	
调试单位	
调试时间节点	
验收日期	
验收项目及要求	
验收人	

查阅相关资料，分别写出空载试机和负载试机的调试要求。

气动系统调试记录单

调试步骤	调试要求
空载试机	
负载试机	

验收结束后，按照企业 6S 管理要求，整理现场，并完成下列表格的填写。

序号	名称	自我评价	做得较好的方面	做得不满意的方面	改进措施
1	整理				
2	整顿				
3	清扫				
4	清洁				
5	素养				
6	安全				

评 价 与 分 析

活动过程评价自评表

班级			姓名		学号		日期	年 月 日		
评价指标	评价要素					权重（%）	等级评定			
							A	B	C	D
信息检索	能有效利用网络资源、工作手册查找有效信息					5				
	能用自己的语言有条理地解释、表述所学知识					5				
	能将查找到的信息有效地转换到工作中					5				
感知工作	是否熟悉工作岗位，认同工作价值					5				
	是否在工作中获得满足感					5				
参与状态	教师、同学之间是否相互尊重、理解、平等					5				
	教师、同学之间是否保持多向、丰富、适宜的信息交流					5				
	探究学习、自主学习能不流于形式，能处理好合作学习和独立思考的关系，做到有效学习					5				
	能提出有意义的问题或能发表个人见解；能按要求正确操作；能够倾听、协作分享					5				
	能积极参与，在产品加工过程中不断学习，能提高综合运用信息技术的能力					5				
学习方法	工作计划、操作技能是否符合规范要求					5				
	是否获得进一步发展的能力					5				

（续）

班级			姓名		学号		日期	年　月　日		
评价 指标	评价要素						权重 （%）	等级评定		
								A	B	C	D

评价 指标	评价要素	权重 （%）	A	B	C	D
工作 过程	遵守管理规程，操作过程符合现场管理要求	5				
	平时上课能按时出勤，每天能及时完成工作任务	5				
	善于多角度思考问题，能主动发现、提出有价值的问题	5				
思维状态	能发现问题、提出问题、分析问题、解决问题、创新问题	5				
自评 反馈	能按时按质完成工作任务	5				
	能较好地掌握专业知识点	5				
	具有较强的信息分析能力和理解能力	5				
	具有较为全面严谨的思维能力并能条理明晰地表述成文	5				
自评等级						
有益的经 验和做法						
总结反思 建议						

等级评定：A：好　　B：较好　　C：一般　　D：有待提高

学习活动过程评价表

班级		姓名		学号		日期	年　月　日	
评价内容（满分100分）		学生自评/分	同学互评/分	教师评价/分	总评/分			
专业技能 （60分）	工作页完成进度（30分）				A（86～100） B（76～85） C（60～75） D（60以下）			
	对理论知识的掌握程度（10分）							
	理论知识的应用能力（10分）							
	改进能力（10分）							
综合素养 （40分）	遵守现场操作的职业规范（10分）							
	信息获取的途径（10分）							
	按时完成学习和工作任务（10分）							
	团队合作精神（10分）							
总分								
综合得分 （学生自评10%、同学互评10%、教师评价80%）								
小结建议								

现场测试考核评价表

班级		姓名		学号		日期		年 月 日
序号	评价要点				配分/分	得分/分		总评/分
1	能正确填写设备调试验收单				15			
2	能说出项目验收的要求				15			
3	能对安装的气动元件进行性能测试				15			
4	能对气动系统进行调试				15			A (86~100)
5	能按企业工作制度请操作人员验收，并交付使用				10			B (76~85)
6	能按照 6S 管理要求清理场地				10			C (60~75)
7	能遵守劳动纪律，以积极的态度接受工作任务				5			D (60 以下)
8	能积极参与小组讨论，团队间相互合作				10			
9	能及时完成老师布置的任务				5			
	总分				100			
小结建议								

学习活动 5　工作总结与评价

1. 能按分组情况，分别派代表展示工作成果，说明本次任务的完成情况，并作分析总结。

2. 能结合自身任务完成情况，正确规范撰写工作总结（心得体会）。

3. 能就本次任务中出现的问题，提出改进措施。

4. 能对学习与工作进行反思、总结，并能与他人开展良好合作，进行有效的沟通。

1. 展示评价（个人、小组评价）

每个人先在组里进行经验交流与成果展示，再由小组推荐代表作必要的介绍。在交流的过程中，以组为单位进行评价；评价完成后，根据其他组成员对本组设备安装调试的评价意见进行归纳总结并完成如下项目：

（1）交流的结论是否符合生产实际？

符合□　　　　　　　基本符合□　　　　　　不符合□

（2）与其他组相比，本小组设计的安装调试工艺如何？

工艺优异□　　　　　工艺合理□　　　　　　工艺一般□

（3）本小组介绍经验时表达是否清晰？

很好□　　　　　　　一般，常补充□　　　　不清楚□

（4）本小组演示时，安装调试是否符合操作规程？

正确□　　　　　　部分正确□　　　　　不正确□

（5）本小组演示操作时遵循了 6S 的工作要求吗？

符合工作要求□　　忽略了部分要求□　　完全没有遵循□

（6）本小组的成员团队创新精神如何？

良好□　　　　　　一般□　　　　　　不足□

2. 自评总结（心得体会）

_____

_____

_____

_____

3. 教师评价

1）找出各组的优点进行点评。

2）对展示过程中各组的缺点进行点评，提出改进方法。

3）对整个任务完成中出现的亮点和不足进行点评。

总体评价表

班级：　　　　　姓名：　　　　学号：

项目	自我评价/分			小组评价/分			教师评价/分		
	10～9	8～6	5～1	10～9	8～6	5～1	10～9	8～6	5～1
	占总评10%			占总评30%			占总评60%		
学习活动 1									
学习活动 2									
学习活动 3									
学习活动 4									
学习活动 5									
协作精神									
纪律观念									
表达能力									
工作态度									
安全意识									
任务总体表现									
小计									
总评									

1.3　信息采集

1.3.1　气动系统工作原理

图 1-16a 为气动剪切机工作原理图。图示位置为剪切前的预备状态，空气压缩机 1 产生

压缩空气→后冷却器 2→油水分离器 3→气罐 4→空气过滤器 5→调压阀 6→油雾器 7→气控换向阀 9→气缸 10。此时换向阀 A 腔的压缩空气将阀芯推到上位，使气缸上腔充压，处于下位，剪切机的剪口张开，处于预备工作状态。

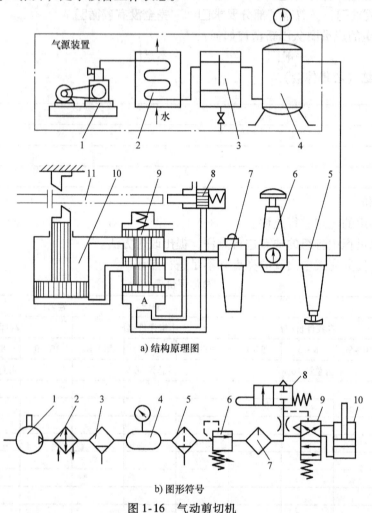

a) 结构原理图

b) 图形符号

图 1-16 气动剪切机

1—空气压缩机 2—后冷却器 3—油水分离器 4—气罐 5—空气过滤器 6—调压阀
7—油雾器 8—行程阀 9—气控换向阀 10—气缸 11—物料

当送料机构将物料 11 送入剪切机并到达规定位置时，物料将行程阀 8 的阀芯向右推，换向阀 A 腔经行程阀 8 与大气相通，气控换向阀阀芯在弹簧的作用下移到下位，将气缸上腔与气连通，下腔与压缩空气连通。此时，活塞带动剪刀快速向上运动将物料切下。物料被切下后，即与行程阀 8 脱开，行程阀 8 复位，将排气口封死，换向阀 A 腔压力上升，阀芯上移，使气路换向。气缸 10 上腔进压缩空气，下腔排气，活塞带动剪刀向下运动，系统又恢复到图示状态，等待第二次进料剪切。

1.3.2 气动系统的组成和特点

1. 气动系统的组成

从上面实例可知气动系统由以下 5 个部分组成。

（1）气源装置　气源装置是压缩空气的发生装置，其主体部分是空气压缩机（简称空压机）。它将原动机（如电动机）的机械能转换为空气的压力能，并经净化装置净化，为各类气压传动设备提供洁净的压缩空气。

（2）执行元件　执行元件是气动系统的能量输出装置，主要有气缸和气马达，它们将压缩空气的压力能转换为机械能。

（3）控制元件　用以控制压缩空气的压力、流量、流动方向，以保证系统各执行机构具有一定的输出动力和速度的元件，即各类压力阀、流量阀、换向阀和逻辑阀等。

（4）辅助元件　过滤器、油雾器、消声器和转换器等。它们对保持系统正常、可靠、稳定和持久地工作起着十分重要的作用。

（5）工作介质　气动系统中所用的工作介质是空气。

2. 气压传动的特点

（1）气压传动的优点

1）工作介质为空气，来源经济、方便，用过之后可直接排入大气，不污染环境。

2）由于空气流动损失小，压缩空气可集中供气，做远距离输送。

3）气压传动具有动作迅速、反应快、维护简单、管路不易堵塞的特点，且不存在介质变质、补充和更换等问题。

4）对工作环境的适应性好，可安全应用于易燃、易爆场所。

5）气压传动装置结构简单、重量轻、安装维护方便、压力等级低、使用安全。

6）气动系统能够实现过载自动保护。

（2）气压传动的缺点

1）由于空气具有可压缩性，所以气缸的运动速度受负载的影响比较大。

2）气动系统工作压力较低（一般为 0.4 ~ 0.8MPa），因而气动系统输出动力较小。

3）压缩空气没有自润滑性，需要另设装置进行给油润滑。

3. 气压传动的工作介质

气压传动以空气作为工作介质。理论上把完全不含有蒸汽的空气称为干空气。而实际上自然界中的空气都含有一定量的蒸汽，这种由干空气和蒸汽组成的气体称为湿空气。空气的干湿程度对系统的工作稳定性和使用寿命都有一定的影响。若空气湿度较大，即空气中含有的蒸汽较多，在一定的温度和压力条件下，湿空气在系统中的局部管道和气动元件中凝结出水滴，使管道和气动元件锈蚀，严重时还可导致整个系统工作失灵。因此，必须采取有效措施，减少压缩空气中所含的水分。

单位体积空气的质量称为空气的密度。气体密度与气体压力和温度有关，压力增加，空气密度增大，而温度升高，空气密度减小。体积随压力增大而减小的性质称为可压缩性，体积随温度升高而增大的性质称为膨胀性。气体的可压缩性和膨胀性都大于液体的压缩性和膨胀性，故在研究气压传动时，应予以考虑。

1.3.3　气源装置

气源装置是气动系统的重要组成部分。气源装置的作用是产生具有足够压力和流量的压缩空气，同时将其净化、处理及储存，其主体部分是空气压缩机。由于大气中常有灰尘、蒸汽及油分等各种杂质，不能直接为设备所用，因此气源装置还包括气源净化装置。常见的气源净化装置有后冷却器、油水分离器、气罐、干燥器等。

图 1-17 为一般压缩空气站的设备布置示意图。空气压缩机 1 一般由电动机带动，进气口装有简易空气过滤器，它能先过滤空气中的一些灰尘、杂质。后冷却器 2 用以冷却压缩空气，使汽化的水、油凝结出来。油水分离器 3 使水滴、油滴、杂质从压缩空气中分离土来，再从排油水口排出。气罐 6 用以储存压缩空气，稳定压缩空气的压力，并除去其中的油和水。气罐中输出的压缩空气就可用于一般要求的气动系统。干燥器 7、8 用以进一步吸收和排除压缩空气中的水分和油，使之变成干燥空气。空气过滤器 10 用以进一步过滤压缩空气中的灰尘、杂质。从气罐 11 输出的压缩空气可用于要求较高的气动系统（如气动仪表及射流组件组成的控制回路）。

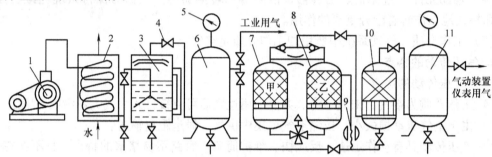

图 1-17　压缩空气站的设备布置示意图

1—空气压缩机　2—后冷却器　3—油水分离器　4—阀门　5—压力表　6、11—气罐
7、8—干燥器　9—加热器　10—空气过滤器

1. 空气压缩机

（1）活塞式空气压缩机的工作原理　气动系统中最常用的空气压缩机为活塞式压缩机。图 1-18 所示为活塞式空气压缩机的工作原理和图形符号。当活塞 3 向右移动时，气缸 4 内活塞左腔的压力低于大气压力，吸气阀 2 开启，外界空气由于大气压的作用进入气缸内部，即进行吸气过程；当活塞 3 向左移动时，吸气阀在缸体内部气体的作用下关闭，缸体内部的气体随着活塞 3 的不断左移，压力逐渐升高，这个过程称为压缩过程。当气缸内的气体压力增高到大于输气管道内的压力时，排气阀被打开，压缩空气排入管道内，这个过程称为排气过程。活塞 3 的往复运动是由电动机带动曲柄转动，通过连杆 7、滑块 6、活塞杆 5 转化成直线往复运动而产生的。活塞 3 往复行程一次，即完成"吸气→压缩→排气"一个工作循环。活塞式空气压缩机常用于需要 0.3～0.7MPa 压力范围的系统。单级往复活塞式空气压缩机的压力若超过 0.6MPa，各项性能指标将急剧下降，因此，大多数空气压缩机采用多缸，多级压缩可以提高输出压力。

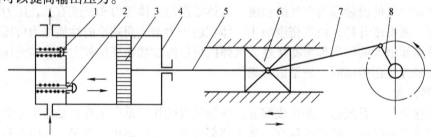

图 1-18　活塞式空气压缩机

1—排气阀　2—吸气阀　3—活塞　4—气缸　5—活塞杆　6—滑块　7—连杆　8—曲柄

（2）空气压缩机的选用　选择空气压缩机主要以气动系统所需要的工作压力和流量为依据。

1）排气压力。一般气动系统的工作压力为 0.5 ~ 0.8MPa，选用额定排气压力为 0.7 ~ 1MPa 的空气压缩机。若气动系统中各装置对气源有不同的压力要求时，则以其中最高的工作压力为标准，并考虑系统压力损失，再加上一定的压力来选用空气压缩机的输出压力。对气动系统中某些装置要求的工作压力较低时，可采用减压方式供给。

2）排气流量。对每台气动装置而言，执行元件通常是断续工作的，因而所需的耗气量也是断续的，并且每个耗气元件的耗气量大小也不同，因此，在供气系统中，把所有气动元件和装置在一定时间内的平均耗气量之和作为确定空气压缩机供气量的依据，并将各元件和装置在其不同压力下的压缩空气流量转换为大气压下的自由空气流量。

根据结构特点，活塞式空气压缩机适用于压力较高的中、小流量场合；离心式空气压缩机运转平稳、排气均匀，适用于低压、大流量的场合；螺杆式空气压缩机适用于低压力的中、小流量的场合；叶片式空气压缩机适用于低、中压力的中、小流量的场合。

2. 后冷却器

后冷却器安装在空气压缩机的出口，它的作用是将空气压缩机产生的高温压缩空气由 140 ~ 170℃ 降低到 40 ~ 50℃，使压缩空气中的油雾和蒸汽达到饱和，使其大部分析出并凝结成油滴和水滴，以便将其清除，达到初步净化压缩空气的目的。后冷却器主要有风冷式和水冷式两种。

（1）风冷式后冷却器　图 1-19 所示为风冷式后冷却器，其工作原理是：压缩空气通过管道，由风扇产生的冷空气强迫吹向管道，冷、热空气在管道壁面进行热交换，风冷式后冷却器能将压缩机产生的高温压缩空气冷却到 40℃ 以下，从而有效除去空气中的水分。它具有结构紧凑、重量轻、安装空间小、便于维修、运行成本低等优点，且处理气量少。

（2）水冷式后冷却器　水冷式后冷却器的结构形式有蛇管式、套管式、列管式和散热片式等。图 1-20 所示为蛇管式后冷却器，其工作原理是：压缩空气在管内流动，冷却水在管外水套中流动，沿管道壁面进行热交换。水冷式后冷却器散热面积比风冷式大许多倍，热交换均匀、效率高，具有结构简单、使用和维修方面的优点，使用较广泛。

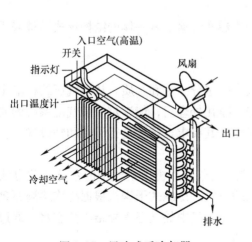

图 1-19　风冷式后冷却器

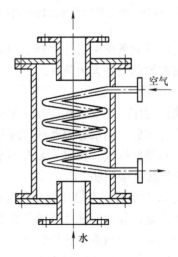

图 1-20　蛇管式后冷却器

3. 油水分离器

油水分离器安装在后冷却器后的管道上，它的作用是分离压缩空气中凝聚的灰尘、水分和油分等杂质，其结构形式有环形回转式、撞击折回式、离心旋转式、水浴式和组合式等。图 1-21 所示为撞击折回并环形回转式油水分离器。压缩空气自入口进入后，因撞击隔板而折回向下，继而又回升向上，形成回转环流，使水滴、油滴和杂质在离心力和惯性力作用下，在空气中被分离析出，并沉降在底部。可以定期打开底部阀门将分离物排出。

4. 气罐

气罐的作用是：消除排气压力波动，保证输出气流量和压力的稳定性；当空气压缩机发生意外事故如突然停电时，气罐的压缩空气可作为应急动力源使用；进一步分离压缩空气中的水和油等杂质。气罐一般采用圆筒状焊接结构，有立式和卧式两种，一般以立式居多，其结构如图 1-22 所示，进气口在下，出气口在上，并尽可能加大两口之间的距离，以利于分离空气中的油、水杂质。

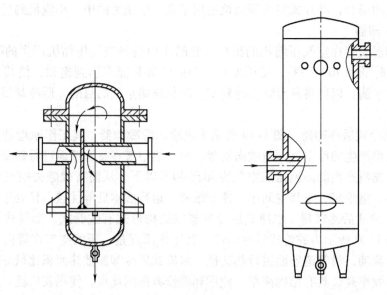

图 1-21 撞击折回并环形回转式油水分离器　　　图 1-22 立式气罐

目前在气压传动系统中后冷却器、油水分离器和气罐三者一体的结构形式已被采用，这使压缩空气站的辅助设备大为简化。

5. 空气干燥器

空气干燥器的作用是吸收和排除压缩空气中的水分、油和杂质。从空气压缩机输出的压缩空气经过后冷却器、油水分离器和气罐的初步净化处理后，能满足一般气动系统的使用要求。但对于一些精密机械、仪表等装置还不能满足其要求，需要进行干燥和精过滤，在工业上常用的是冷冻法和吸附法。

（1）冷冻式干燥器　它使压缩空气冷却到露点温度，析出空气中的水分。此方法适用于处理低压大流量，并对干燥度要求不高的压缩空气。冷冻式干燥机根据冷冻除湿原理，将湿热的压缩空气通过与制冷剂进行热交换，使压缩空气中的气态水凝结成液态水，通过油水分离器排出干燥机外，从而达到除水干燥的目的。

（2）吸附式干燥器　它主要是利用具有吸附性能的吸附剂（如硅胶、活性氧化铝、焦炭、分子筛等物质）表面能够吸附水分的特性来清除水分的，从而达到干燥、过滤的目的。当干燥器使用几分钟后，吸附剂吸水达到饱和状态而失去吸水能力，因此需设法除去吸附剂中的水分，使其恢复干燥状态，以便继续使用，这就是吸附剂的再生。图1-23所示为一种常见不加热再生式干燥器，它有两个填满吸附剂的容器1、2，当空气从容器1的下部流到上部时，空气把吸附在吸附剂中的水分带走并放入大气，即实现了不需外加热源而使吸附剂1再生。两容器定期地交换工作（5～10min）使吸附剂产生吸附和再生，这样可得到连续输出的干燥压缩空气。

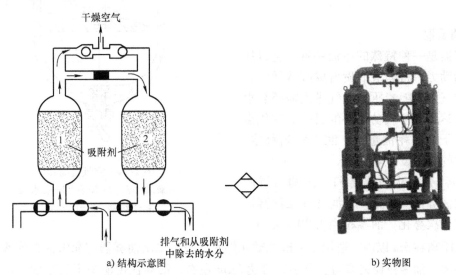

a) 结构示意图　　　　　　　　　b) 实物图

图1-23　不加热再生式干燥器

1.3.4　辅助元件

气动系统主要辅助元件有过滤器、油雾器、气源处理装置、消声器、转换器、管道及管接头等。由于管道及管接头与液压传动类似，这里不再重复。

1. 过滤器

过滤器的作用是滤除压缩空气中的油污、水分和灰尘等杂质。不同的使用场合对气源过滤程度要求不同，所使用的过滤器也不相同。常用的过滤器分为一次过滤器，二次过滤器和高效过滤器。

（1）一次过滤器　一次过滤器也称简易过滤器，其滤灰效率为50%～70%。它由壳体和滤芯组成，按滤芯所采用的材料有纸质、织物（麻布、绒布、毛毡）、陶瓷、泡沫塑料和金属（金属网、金属屑）等。空气进入空气压缩机之前，必须经过简易空气过滤器，过滤空气中所含的部分灰尘和杂质。空气压缩机中普遍采用纸质过滤器和金属过滤器。

（2）二次过滤器　二次过滤器的滤灰效率为70%～90%，在空气压缩机的输出端使用的即为二次过滤器。空气过滤器属于二次过滤器。图1-24所示为空气过滤器，其工作原理是：压缩空气从输入口进入后，被引入旋风叶子1，旋风叶子1上有许多呈一定角度的缺口，迫使空气沿切线方向产生强烈旋转。这样，夹杂在空气中的较大水滴、油滴和灰尘等便获得较大的离心力，它们与存水杯的内壁碰撞，从空气中分离出来沉到水杯底部。然后，气体通过中间的滤芯 2，部分杂质、灰尘被滤掉。为防止气体旋转的旋涡将存水杯 3 中积存的污水卷起，在滤芯下部设有挡水板 4。为保证空气过滤器正常工作，必须及时将存水杯中的污水通过排水阀 5 排放。在某些人工排水不方便的场合，可选择自动排水式空气过滤器。存水杯 3 由透明材料制成，便于观察其工作情况、污水高度和滤芯污染程度。

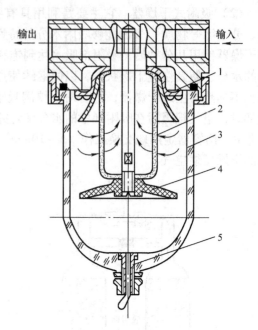

图 1-24　空气过滤器
1—旋风叶子　2—滤芯　3—存水杯
4—挡水板　5—排水阀

2. 油雾器

油雾器是一种特殊的注油装置，它以压缩空气为动力，将润滑油喷射成雾状并混合于压缩空气中，随着压缩空气进入需要润滑的部位，达到润滑气动元件的目的。其优点是方便、干净、耗油量少、润滑均匀稳定，不需要大的储油设备等。

油雾器分一次油雾器和二次油雾器两种。一次油雾器应用很广，润滑油在油雾器中只经过一次雾化，油雾粒径为 $20\sim35\mu m$，一般输送距离在 5m 以内，适用于一般气动元件的润滑；二次油雾器使润滑油在油雾器中经过两次雾化，油雾粒径更均匀、更小，可达 $5\mu m$ 左右，油雾在传输中不易附壁，可输送更远的距离，适用于气马达和气动轴承等对润滑要求特别高的场合。

图 1-25 所示为普通型油雾器（一次油雾器）。压缩空气通过气流入口 1 进入。喷嘴杆上的孔 2 面对气流，孔 3 背对气流。有气流输入时，截止阀 10 上下有压力差，被打开。储油杯 5 中的润滑油经吸油管 11 和视油帽 8 上的节流阀 7 滴到喷嘴杆中，被气流从小孔 3 中引射出去，雾化后从输出口 4 输出。

在气源压力不大于 0.1MPa 时，该油雾器允许在不关闭气路的情况下加油。供油量随气流大小而变化。储油杯和视油帽采用透明材料制成，便于观察。视油帽 8 上的节流阀 7 用以调节油量，可在 $0\sim200$ 滴/min 范围内调节。

油雾器安装时尽量靠近换向阀，注意进、出口不能接错；垂直设置，不可倒置或倾斜；保持正常油位，不应过高或过低。其供油量根据使用条件的不同而不同，一般以 $10m^3$ 自由空气（标准状态下）供给 1mL 的油量为基准。

3. 气源处理装置

空气过滤器、减压阀和油雾器组合在一起构成气源处理装置，通常称为气动三联件。空气通过气源处理装置的顺序为空气过滤器→减压阀→油雾器，不能颠倒。这是因为减压阀内部有阻尼小孔和喷嘴，这些小孔容易被杂质堵塞而造成减压阀失灵，故进入减压阀的空气要先通过空气过滤器进行过滤。图 1-26 所示为气源处理装置。在有的情况下不需要油雾器，此时可使用过滤减压阀，它是过滤器和减压阀的组合。

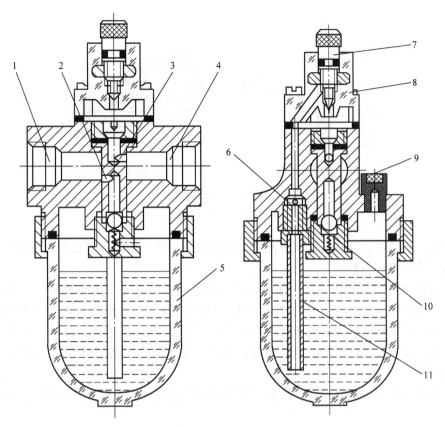

图 1-25　普通型油雾器

1—气流入口　2、3—小孔　4—输出口　5—储油杯　6—单向阀
7—节流阀　8—视油帽　9—旋塞　10—截止阀　11—吸油管

4. 消声器

在气动系统工作过程中，气缸、气马达及控制阀等气动元件在将用过的压缩空气排向大气时，由于排出气体速度很高，气体体积急剧膨胀，产生涡流，引起气体振动，会发出强烈的排气噪声，一般可达 100 ~ 120dB。这样的噪声会危害人的健康，恶化作业环境，降低工作效率。为消除和减弱这种噪声，应在换向阀的排气口安装消声器。常用的消声器有三种形式：吸收型、膨胀干涉型和膨胀干涉吸收型。

图 1-26　气源处理装置

（1）吸收型消声器　主要利用吸声材料来降低噪声，在气体流动的管道内固定吸声材料，或按一定方式在管道中排列，如图 1-27 所示。其工作原理是：当气流通过消声罩 1 时，气流受阻，可使噪声降低约 20dB。吸收型消声器主要用于消除中高频噪声，特别对刺耳的高频声波消声效果显著，在气动系统中广为应用。

（2）膨胀干涉型消声器　膨胀干涉型消声器结构很简单，相当于一段比排气孔直径大

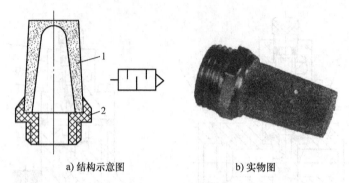

图 1-27　吸收型消声器

1—消声罩　2—连接件

得多的管件。当气流通过时，让气流在管道里膨胀、扩散、反射、相互干涉而消声。该消声器主要用于消除中、低频噪声。

（3）膨胀干涉吸收型消声器　膨胀干涉吸收型消声器是综合上述两种消声器的特点而构成的，其结构如图 1-28 所示。工作原理是：气流由端盖上的斜孔引入，在 A 室扩散、减速、碰壁撞击后反射到 B 室，气流束互相冲撞、干涉，进一步减速，并通过消声器内壁的吸声材料排向大气。该消声器消声效果好，低频可消声 20dB，高频可消声 45dB 左右。

5. 转换器

转换器是一种可以将电、液、气信号相互转换的辅助元件。常用的有气液、电气、气电转换器。

气液转换器是一种把空气压力转换成相同液体压力的气动元件。根据气与油之间接触的状况分为隔离式与非隔离式两种结构。图 1-29 所示为非隔离式气液转换器的结构，当压缩空气由上部输入后，经过管道的缓冲装置使压缩空气作用在液压油面上，由转换器主体下部的排油孔输出到液压缸。气液转换器一般用于气液控制回路中，使气缸获得无脉动的低速平稳运动，速度可小于 400mm/min。

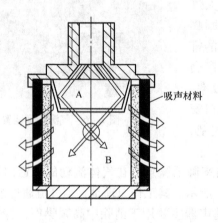

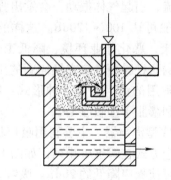

图 1-28　膨胀干涉吸收型消声器　　图 1-29　非隔离式气液转换器

1.3.5　气动执行元件

1. 气缸

（1）分类　气缸的种类很多，分类的方法也不同，一般按压缩空气作用在活塞端面上的方向、结构、功能和安装形式来分类。

1）按压缩空气在活塞端面作用力方向分类，气缸可以分为单作用气缸和双作用气缸。

① 单作用气缸只有一个方向靠压缩空气推动，复位靠弹簧力、自重和其他外力。

② 双作用气缸往返运动全靠压缩空气推动。

2）按气缸的结构特点分类，气缸可以分为活塞式、薄膜式、柱塞式、摆动式气缸等。

3）按气缸的功能分类，气缸可以分为普通气缸和特殊气缸。

① 普通气缸包括单作用式和双作用式气缸。

② 特殊气缸包括气液阻尼缸、薄膜式气缸、冲击气缸、摆动气缸、带磁性开关气缸、带阀组合气缸、双轴气缸、气动手指气缸。

4）按气缸的安装方式分类，气缸可分为耳座式、法兰式、轴销式和凸缘式气缸。

（2）工作原理

1）普通气缸。

① 单作用气缸。图1-30所示为弹簧复位式单作用气缸，压缩空气由端盖上的P孔进入无杆腔，推动活塞2向右运动，活塞2退回由复位弹簧3实现。气缸右腔通过孔O始终与大气相通，这种气缸在夹紧装置中应用较多。

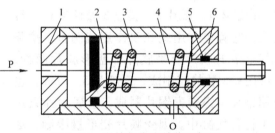

图1-30　弹簧复位式单作用气缸
1、6—端盖　2—活塞　3—弹簧　4—活塞杆　5—密封圈

② 双作用气缸。图1-31所示为单杆双作用气缸的结构和实物图。当右端无杆腔进气时，左端有杆腔排气，活塞杆6伸出；反之，活塞杆6退回。该气缸主要由缸筒7、活塞9、活塞杆6、端盖5、14及密封圈10、11和紧固件等组成。缸筒在前后缸盖之间固定连接，缸盖上有进排气口。前缸盖设有密封圈、防尘圈，同时还设有导向套4，以提高气缸的导向性，保证活塞杆6与活塞9紧固相连。活塞上除有密封圈防止活塞左右两腔相互串气外，还有耐磨环12以提高气缸的导向性。活塞两侧常装有橡胶垫作为缓冲垫。

2）特殊气缸。

① 气液阻尼缸。因空气具有较大的可压缩性，一般气缸在工作载荷变化较大时，会出现"爬行"或"自走"现象，平稳性较差。如果系统工作需要较高的平稳性，则可采用气液阻尼缸。气液阻尼缸由气缸和液压缸组合而成，它以压缩空气为能源，利用油液的不可压缩性和可控制流量的特点来获得活塞的平稳运动，调节活塞的运动速度。

图1-32所示为气液阻尼缸。它的气缸和液压缸共用同一缸体，两活塞固定在同一活塞杆上。当气缸右腔供气左腔排气时，活塞杆伸出的同时带动液压缸2活塞左移，此时液压缸

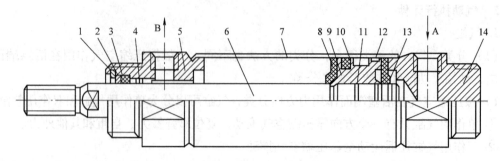

图 1-31　单杆双作用气缸

1—弹簧挡圈　2—防尘圈压板　3—防尘圈　4—导向套　5、14—端盖　6—活塞杆
7—缸筒　8、13—缓冲垫　9—活塞　10—活塞密封圈　11—密封圈　12—耐磨环

左腔油经节流阀 5 流向右腔，对活塞杆的运动起阻尼作用。调节节流阀 5 便可控制排油速度，也控制和稳定了气缸活塞的左行速度。反向运动时，单向阀 3 开启，活塞杆可快速缩回。

② 薄膜式气缸。图 1-33 所示为薄膜式气缸，它是一种利用膜片在压缩空气作用下产生变形来推动活塞杆做直线运动的气缸。它主要由缸体 1、膜片 2、膜盘 3 及活塞杆 4 等组成，它有单作用式和双作用式两种。薄膜式气缸中的膜片有平膜片和盘形膜片两种，一般用夹织物橡胶制成，厚度为 5 ~ 6mm，也可用钢片、锡磷青铜片制成，金属膜片只用于小行程气缸中。因受膜片变形量限制，活塞位移较小，一般都不超过 50mm，且其最大

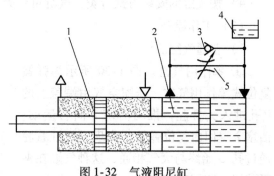

图 1-32　气液阻尼缸

1—气缸　2—液压缸　3—单向阀　4—油箱　5—节流阀

行程与缸径成正比。平膜片气缸最大行程大约是缸径的 15%；盘形膜片气缸最大，行程大约是缸径的 25%。

这种气缸的特点是结构紧凑、行程小、质量轻、维修方便、密封性好、制造成本较低，广泛应用于化工产品的生产。

③ 冲击气缸。冲击气缸是把压缩空气的能量转化为活塞高速运动能量的一种气缸。活塞最大速度可以达到 10m/s 以上，利用此动能做功，可完成型材下料、打印、铆接、弯曲、折边、压套、破碎、高速切割等多种作业。与同尺寸的普通气缸相比，其冲击能要大上百倍。

冲击气缸有普通型和快排型两种，它们的工作原理相同，差别为快排型冲击气缸在普通型的基础上增加了快速排气结构，以获得更大的能量。图 1-34 所示为普通冲击气缸。

冲击气缸在结构上分为活塞杆腔 5、活塞腔 4 和蓄能腔 1 三个工作腔，以及带有排气小孔 3 的中盖 2。冲击气缸的工作过程一般分为如下三步：

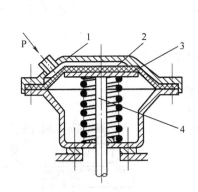

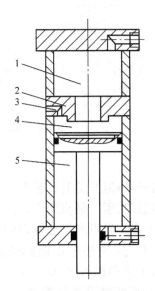

图 1-33　薄膜式气缸
1—缸体　2—膜片　3—膜盘　4—活塞杆

图 1-34　普通冲击气缸
1—蓄能腔　2—中盖　3—排气小孔
4—活塞腔　5—活塞杆腔

a. 压缩空气进入冲击气缸活塞杆腔 5，蓄能腔 1 与活塞腔 4 通大气，活塞上移至上限位置，封住中盖 2 上的喷嘴，中盖 2 与活塞间的环型空间经排气小孔 3 与大气相通。

b. 蓄能腔 1 进气，其压力逐渐上升，在与中盖 2 喷嘴密封接触的活塞面上，其承受向下推力逐渐增大，与此同时，活塞杆腔 5 排气，其压力逐渐变小，活塞杆腔 5 活塞下端面上受力逐渐减小。

c. 当活塞上端推力大于下端的推力时，活塞立即离开喷嘴口向下运动，在喷嘴打开瞬间，活塞腔 4 与储能腔 1 立刻连通，活塞上端的承压面突然增大为整个活塞面，于是活塞在巨大的压力差作用下，加速向下运动，使活塞、活塞杆等运动部件在瞬间加速达到很高的速度，获得最大冲击速度和能量。

④ 摆动气缸。摆动气缸也称摆动气马达，是一种在小于 360°角范围内做往复摆动的气动执行元件，输出力矩，使机构实现往复摆动。摆动气缸的最大摆动角度分别有 90°、180°、270°三种规格。摆动气缸按结构特点分为叶片式、齿轮齿条式等。

叶片式摆动气缸分为单叶片式和双叶片式两种。单叶片式输出轴摆动角度小于 360°，双叶片式输出轴摆动角度小于 180°。它是由叶片轴转子（输出轴）、定子、缸体和前后端盖等组成的。图 1-35 所示为叶片式摆动气缸，其定子和缸体固定在一起，叶片和转子连在一起，前后端盖装有滑动轴承。这种摆动气缸输出效率低，应用在夹具的回转、阀门开闭及工件转位等方面。

在输出转矩相同的摆动气缸中，叶片式体积最小，质量最轻，但制造精度要求高，较难实现理想的密封，故输出效率低，小于 80%。

⑤ 带磁性开关气缸。带磁性开关气缸是将磁性开关装在气缸的缸筒外侧，缸筒必须是导磁性弱、隔磁性强的材料，如硬铝、不锈钢等。在非磁性体的活塞上安装一个永久磁环，

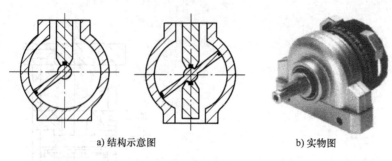

a) 结构示意图　　　　　b) 实物图

图 1-35　叶片式摆动气缸

随活塞移动的磁环靠近开关时，舌簧开关的两根
簧片被磁化而相互吸引，触点闭合；当磁环移开
开关时，弹簧失磁，触点断开。触点闭合或断开
时即发出电信号，控制相应电磁阀完成切换动
作。图 1-36 所示为带磁性开关气缸。带磁性开
关气缸不需在行程两端设置机控阀或行程开关，
所以使用方便、结构紧凑。同时，还具有可靠性
高、寿命长、成本低、开关反应时间快等优点，
故得到广泛的应用。

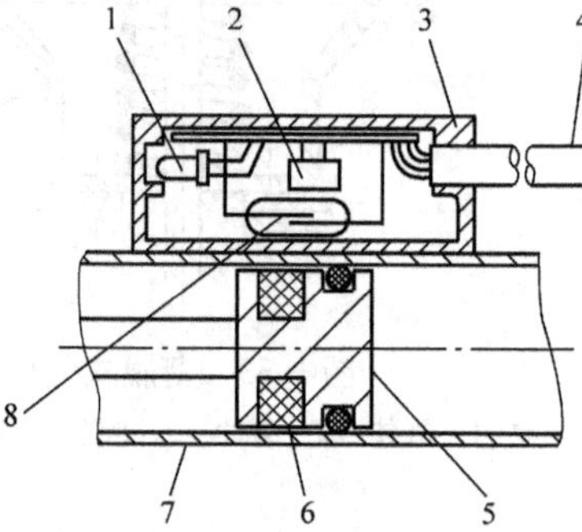

⑥ 带阀组合气缸。带阀组合气缸有多种不同
组合。图 1-37 所示为带有电磁阀和单向节流阀
的带阀气缸的结构图，在前后缸盖上的进、排气

图 1-36　带磁性开关气缸
1—动作指示灯　2—保护电路　3—开关外壳
4—导线　5—活塞　6—磁环　7—缸筒　8—舌簧开关

口上均有一个由单向节流阀和螺栓组成的组合件 6，通过它来调节进、排气的流量，以调节
气缸的运动速度。由于带阀组合气缸省掉了阀与气缸之间的管路连接，减少了管路中的耗气
量，故它结构紧凑、使用方便。

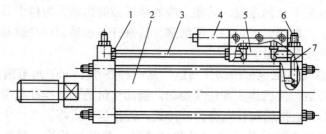

图 1-37　带阀组合气缸
1—管接头　2—气缸　3—尼龙管　4—电磁阀（二位五通阀）
5—换向阀底板　6—单向节流阀组合件　7—密封圈

⑦ 双轴气缸。双轴气缸具有两个活塞杆。在双活塞杆气缸中，通过连接板将两个并列
的活塞杆连接起来，在定位和移动工具或零件时，这种结构可以抗扭转。与相同缸径的标准
气缸相比，双轴气缸可以获得两倍的输出力。

⑧ 气动手指气缸。气动手指气缸能实现各种抓取功能，是现代气动机械手的关键部件。
气动手指气缸的特点有：所有的结构都是双作用的，能实现双向抓取，可自动对中，重复精

度高；在气缸两侧可安装非接触式行程检测开关；安装连接方式灵活多样；抓取力矩恒定，耗气量少。气动手指气缸有平行型、旋转型、摆动型。

2. 气马达

气马达是将压缩空气的压力能转换成机械能的转换装置，工作时输出转速和转矩，用于驱动机构做旋转运动，相当于液压马达或电动机。

（1）气马达的分类及特点　常用的气马达有叶片式、活塞式、薄膜式三种。气马达和电动机相比，有如下特点：

1）工作安全，适用于恶劣的工作环境，在易燃、高温、振动、潮湿、粉尘等不利条件下都能正常工作。

2）有过载保护作用，不会因过载而发生烧毁。过载时气马达只会降低速度或停机，当负载减小时即能重新正常运转。

3）能够顺利实现正、反转。能快速起动和停止。

4）满载连续运转，其温升较小。

5）功率范围及转速范围较宽。气马达功率小到几百瓦，大到几万瓦，转速可以从零到25000r/min 或更高。

6）单位功率尺寸小，质量轻，且操纵方便，维修简单。

但气马达目前还存在速度稳定性较差、耗气量大、效率低、噪声大和易产生振动等不足。

（2）叶片式气马达　叶片式气马达主要由转子、定子、叶片及壳体组成。叶片式气马达有 3~10 片安装在一个偏心转子的径向沟槽中，如图 1-38 所示。其工作原理与液压马达相同，当压缩空气从进气口 A 进入气室后，作用在叶片 3 的外伸部分，通过叶片 3 带动转子2 做逆时针转动，输出转矩和转速，做完功的气体从排气口 C 排出，残余气体则经 B 排出（二次排气）；若进、排气口互换，则转子 2 反转，输出相反方向的转矩和转速。转子 2 转动的离心力和叶片 3 底部的气压力、弹簧力（图中未画出）使得叶片 3 紧密地与定子 1 的内壁相接触，以保证可靠密封，提高容积效率。叶片式气马达主要用于风动工具如风钻、风扳手、风砂轮、高速旋转机械及矿山机械等。

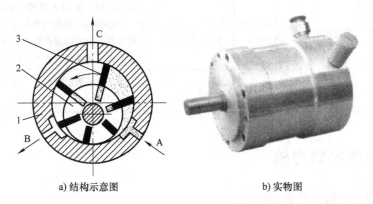

a) 结构示意图　　　　　　　b) 实物图

图 1-38　叶片式气马达
1—定子　2—转子　3—叶片

（3）活塞式气马达　活塞式气马达一般有 4~6 个气缸，气缸可配置在径向和轴向位置上，据此可分为径向活塞式气马达和轴向活塞式气马达两种。图 1-39 所示为五缸径向活塞式气马达结构和实物图，五个气缸均匀分布在气马达壳体的圆周上，压缩空气进入配气阀 2 后顺序推动各活塞 4，从而带动曲轴 6 连续旋转。活塞式气马达转速比叶片式气马达的低，一般是 100~1300r/min，最高是 6000r/min，但输出的转矩要比叶片式的大。活塞式气马达起动转矩和功率都比较大，结构复杂、成本高、价格贵，主要用于低速、大转矩的场合。

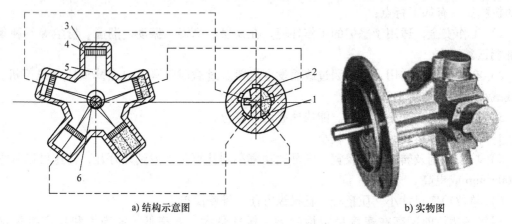

a) 结构示意图　　　　　　　　　　　　　　　b) 实物图

图 1-39　五缸径向活塞式气马达
1—配气阀套　2—配气阀　3—星形缸体　4—活塞　5—气缸　6—曲轴

前面介绍的各种常用气马达其性能并不完全相同，在选择和使用时可参考表 1-1。

表 1-1　常用气马达的特点及应用范围

类型	转矩	速度	功率	每千瓦耗气量 /(m³/min)	特点及应用范围
叶片式	低转矩	高速度	由不足 1kW 到 13kW	小型：1.8~2.3 大型：1~1.4	制造简单、结构紧凑、低速起动转矩小，低速性能不好，适用于中小功率的机械，如手提工具、复合工具传送带、升降机等
活塞式	中、高转矩	低速和中速	由不足 1kW 到 17kW	小型：1.9~2.3 大型：1~1.4	在低速时，有较大的功率输出和较好的转矩特性。起动准确，且起动和停止特性均较叶片式好。适用于载荷较大和要求低速、转矩较高的机械，如手提工具、起重机、绞车、拉管机等
薄膜式	高转矩	低速度	小于 1kW	1.2~1.4	适用于控制要求很精确、起动转矩极高和速度低的机械

1.4　学习任务应知考核

1. 气源装置及辅助元件应知考核

（1）填空题

1）气动系统使用空气作为_____。理论上把完全不含有蒸汽的空气称为_____。由干空气和蒸汽组成的气体称为_____。

2）单位体积空气的_____称为空气的密度。气体密度与气体压力和温度有关，压力增加，空气密度_____，而温度升高，空气的密度_____。

3）气压传动系统主要由_____、_____、_____、_____和_____五个部分组成。

4）选择空气压缩机主要是确定空气压缩机的_____和_____。

5）空气干燥器的作用是吸收和排除压缩空气中的水分、油分和杂质，是湿空气变成干空气的装置。工业上常用的干燥方法主要有_____和_____。

6）在气动系统中，转换器是一种可以将电、液、气信号发生相互转换的辅件，常用的有_____、_____和_____三种。

7）空气过滤器和_____、_____构成气源处理装置，通常称为气动三联件。

8）二次过滤器滤灰效率为 70%～90%，在空气压缩机_____使用的即为二次过滤器。

9）过滤器的作用是滤除压缩空气中的油污、水分和灰尘等杂质，达到系统所需要的净化程度。常用的过滤器有_____、_____和_____。

10）消声器主要是通过对气流的阻尼或增加排气面积等方法，来降低排气速度和功率，从而达到降低噪声的目的。常用的消声器有三种形式：_____、_____和_____。

11）气动系统中，动力元件是_____，执行元件是_____，控制元件是_____。

（2）判断题

1）采取有效措施减少压缩空气中所含的水分，降低进入气压传动设备的空气温度对系统是十分有利的。　　　　　　　　　　　　　　　　　　　　　　　　　　（　　）

2）气体的可压缩性和膨胀性都远小于液体的可压缩性和膨胀性。　　　　（　　）

3）与液压传动相比，气压传动具有动作迅速、反应快、维护简单、管路不易堵塞的特点，且不存在介质变质、补充和更换等问题。　　　　　　　　　　　　　　（　　）

4）油雾器是一种特殊的注油装置，它以压缩空气为动力，将润滑油喷射成雾状并混合于压缩空气中，随着压缩空气进入需要润滑的部位，达到润滑气动元件的目的。（　　）

5）气压传动是以空气为工作介质进行能量传递的一种传动形式，将机械能转变为气体的压力能。　　　　　　　　　　　　　　　　　　　　　　　　　　　　（　　）

6）油水分离器安装在空气压缩机后的管道上，它的作用是分离压缩空气中凝聚的灰尘、水分和油分等杂质，使压缩空气得到初步净化。　　　　　　　　　　　　（　　）

（3）选择题

1）空气进入空气压缩机之前，必须经过_____，以滤去空气中所含的一部分灰尘和杂质。

A. 简易过滤器　　　B. 二次过滤器　　　C. 高效过滤器　　　D. 空气干燥器

2）气动系统中所用的工作介质是空气，气体体积随压力增大而减小的性质称为_____。

A. 黏性　　　　　　B. 膨胀性　　　　　C. 可压缩性　　　　D. 密度

3）气缸和气马达将压缩空气的压力能转换为机械能，在气压传动系统中属于_____。

A. 气源装置　　　　B. 执行元件　　　　C. 控制元件　　　　D. 辅助元件

4）在气动系统中，适用于低压大流量场合的空气压缩机是_____。

A. 活塞式　　　　B. 螺杆式　　　　C. 离心式　　　　D. 叶片式

5）_____安装在后冷却器后的管道上，它的作用是分离压缩空气中凝聚的灰尘、水分和油分等杂质，使压缩空气得到初步净化。

A. 油水分离器　　B. 空气干燥器　　C. 油雾器　　　　D. 过滤器

6）压缩空气站是气动系统的_____。

A. 执行元件　　　B. 辅助元件　　　C. 控制元件　　　D. 气源装置

2. 气动执行元件应知考核

（1）填空题

1）气动执行元件是将压缩空气的_____转换为_____的能量转换装置。

2）气缸的种类很多，按压缩空气在活塞端面作用力方向气缸可分为_____和_____。

3）冲击气缸是把压缩空气的能量转化为_____的一种气缸。

4）气马达是常用的气动_____，它是将气源装置输出_____的压力能转换成机械能，工作时输出，用于驱动机构做旋转运动。

5）气缸按结构特征不同分为_____、_____、_____、_____气缸等。

6）在气动系统中，使用比较广泛的是_____、_____和气马达。

（2）判断题

1）单杆双作用气缸工作中，活塞杆伸出时的推力小于退回时的推力。　　（　　）

2）一般气缸在工作载荷变化较大时，会出现"爬行"或"自走"现象，平稳性较差，如果系统工作需要较高的平稳性，可采用气液阻尼缸。　　　　　　　　（　　）

3）叶片式气马达主要用于低速、大转矩的场合，其起动转矩和功率都比较大。（　　）

4）摆动气缸是一种在小于 360° 角度范围内做往复摆动的气动执行元件。（　　）

（3）选择题

1）输入压缩空气作用在活塞一端面上，推动活塞运动，而活塞的反向运动依靠弹簧复位弹簧力、重力或其他外力来工作的这类气缸称为_____。

A. 双作用气缸　　B. 单作用气缸　　C. 冲击气缸　　　D. 缓冲气缸

2）_____特点是结构紧凑、行程小、质量轻、维修方便、密封性好、制造成本较低，广泛应用于化工生产过程的调节上。

A. 气液阻尼缸　　B. 普通气缸　　　C. 薄膜式气缸　　D. 冲击气缸

3）_____气马达依靠作用于气缸底部的气压，推动活塞来实现气马达转动。

A. 单叶片式　　　B. 活塞式　　　　C. 齿轮齿条式　　D. 双叶片式

任务 2 气动系统方向控制回路的安装与调试

2.1 学习任务要求

2.1.1 知识目标
1. 了解方向控制阀的工作原理。
2. 了解方向控制回路的类型和应用。

2.1.2 素质目标
1. 遵守现场操作的职业规范，具备安全、整洁、规范实施工作任务的能力。
2. 具有良好的职业道德、职业责任感和不断学习的精神。
3. 具有不断开拓创新的意识。
4. 以积极的态度对待训练任务，具有团队交流和协作能力。

2.1.3 能力目标
1. 能明确任务，具备正确选用各种方向控制阀的能力。
2. 能按照工艺文件和装配原则，通过小组讨论，写出安装调试简单方向控制回路的步骤。
3. 能正确选择气动系统的拆装工具、调试工具、维修工具和量具等，并按规定领用。
4. 能按照要求，合理布局气动元件，并根据图样搭建回路。
5. 能对搭建好的气动方向控制回路进行调试及排除故障，恢复其工作要求。
6. 能严格遵守起吊、搬运、用电、消防等安全操作规程和要求。
7. 能按照企业工作制度请操作人员验收，交付使用，并填写调试记录。
8. 能按 6S 要求，整理场地，归置物品，并按照环保规定处置废油液等废弃物。
9. 能写出完成此项任务的工作小结。

2.2 工作页

2.2.1 工作任务情景描述
送料装置是机电（自动化）设备中常见的组成部分。图 2-1 所示为送料装置，利用送料装置将某个方向传送装置送来的物料推送到与其垂直的传送装置上，并由传送带将其送到规定的加工位置。其中，物料的推出是由一只气缸来实现的，通过一个按钮使气缸活塞伸出，将物料推出；松开按钮，气缸活塞返回，为下次物料推送做准备。本次任务是完成对该送料气缸的控制。

2.2.2 工作流程与活动
小组成员在接到任务后，到现场与操作人员沟通，认真观察送料装置，查阅送料装置相关技术参数资料后，进行任务分工安排，制定工作流程和步骤，做好准备工作；在工作过程中，通过对送料装置动作气动系统的设计、安装、调试及不断优化，搭建好送料装置的气动系统。安装调试完成后，请操作人员验收，合格后交付使用，并填写调试记录。最后，撰写工作小结，小组成员进行经验交流。在工作过程中严格遵守起吊、搬运、用电、消防等安全操作规程，按照现场管理规范清理场地、归置物品，并按照环保规定处置废弃物。

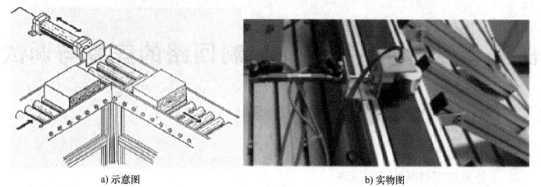

a) 示意图　　　　　　　　　　　　　　　　　　　　b) 实物图

图 2-1　送料装置

学习活动 1　接受工作任务、制订工作计划

学习活动 2　送料装置动作气动系统的安装与调试

学习活动 3　任务验收、交付使用

学习活动 4　工作总结与评价

学习活动 1　接受工作任务、制订工作计划

学 习 目 标

1. 能识读生产派工单，接受送料装置动作气动系统的安装、调试工作任务，明确任务要求。

2. 能查阅资料，了解送料装置动作气动系统的组成、结构等相关知识。

3. 查阅相关技术资料，了解送料装置动作气动系统的主要工作内容。

4. 能正确选择送料装置动作气动系统的拆装、调试所用的工具、量具等，并按规定领用。

5. 能制订送料装置动作气动系统安装、调试工作计划。

学 习 过 程

仔细阅读下面的生产派工单，按照生产派工单提供的基本信息，查阅相关资料，明确工作任务的内容和要求。随着学习活动的展开，逐项填写生产派工单中的空白项目，完成学习任务。

生产派工单

单　号：　　　　　　　　　开单部门：　　　　　　　　　　　开单人：

开单时间：　　年　月　日　时　分　　　接单人：　　　部　　　组

（签名）

以下由开单人填写		
产品名称		完成工时	工时
产品技术要求			

（续）

以下由接单人和确认方填写			
领取材料 （含消耗品）		成本核算	金额合计： 仓管员（签名） 年 月 日
领用工具			
操作者检测			（签名） 年 月 日
班组检测			（签名） 年 月 日
质检员检测			（签名） 年 月 日
生产数量 统计	合格		
	不良		
	返修		
	报废		

统计： 审核： 批准：

根据任务要求，对现有小组成员进行合理分工，并填写分工表。

序号	组员姓名	组员任务分工	备注

查阅资料，小组讨论并制订送料装置动作气动系统安装调试的工作计划。

序号	工作内容	完成时间	工作要求	备注
1	接受生产派工单		认真识读生产派工单，了解任务要求	
2				
3				
4				
5				
6				
7				
8				
9				
10				

 评 价 与 分 析

活动过程评价自评表

班级		姓名		学号		日期	年　月　日		
评价 指标	评价要素				权重 (%)	等级评定			
						A	B	C	D
信息 检索	能有效利用网络资源、工作手册查找有效信息				5				
	能用自己的语言有条理地解释、表述所学知识				5				
	能将查找到的信息有效地转换到工作中				5				
感知 工作	是否熟悉工作岗位，认同工作价值				5				
	是否在工作中获得满足感				5				
参与 状态	教师、同学之间是否相互尊重、理解、平等				5				
	教师、同学之间是否保持多向、丰富、适宜的信息交流				5				
	探究学习，自主学习能不流于形式，能处理好合作学习和独立思考的 关系，做到有效学习				5				
	能提出有意义的问题或能发表个人见解；能按要求正确操作；能够倾 听、协作分享				5				
	积极参与，在产品加工过程中不断学习，能提高综合运用信息技术的 能力				5				
学习 方法	工作计划、操作技能是否符合规范要求				5				
	是否获得进一步发展的能力				5				
工作 过程	遵守管理规程，操作过程符合现场管理要求				5				
	平时上课能按时出勤，每天能及时完成工作任务				5				
	善于多角度思考问题，能主动发现、提出有价值的问题				5				
思维状态	能发现问题、提出问题、分析问题、解决问题、创新问题				5				
自评 反馈	能按时按质完成工作任务				5				
	能较好地掌握专业知识点				5				
	具有较强的信息分析能力和理解能力				5				
	具有较为全面严谨的思维能力并能条理明晰地表述成文				5				
自评等级									
有益的经 验和做法									
总结反思 建议									

等级评定：A：好　　B：较好　　C：一般　　D：有待提高

学习活动过程评价表

班级		姓名		学号		日期	年　月　日	
评价内容（满分 100 分）				学生自评/分	同学互评/分	教师评价/分	总评/分	
专业技能 （60 分）	工作页完成进度（30 分）						A（86～100） B（76～85） C（60～75） D（60 以下）	
	对理论知识的掌握程度（10 分）							
	理论知识的应用能力（10 分）							
	改进能力（10 分）							
综合素养 （40 分）	遵守现场操作的职业规范（10 分）							
	信息获取的途径（10 分）							
	按时完成学习和工作任务（10 分）							
	团队合作精神（10 分）							
总分								
综合得分 （学生自评 10%、同学互评 10%、教师评价 80%）								
小结建议								

现场测试考核评价表

班级		姓名		学号		日期	年　月　日	
序号	评价要点			配分/分	得分/分	总评/分		
1	能正确识读并填写生产派工单，明确工作任务			10		A（86～100） B（76～85） C（60～75） D（60 以下）		
2	能查阅资料，熟悉气动系统的组成和结构			10				
3	能根据工作要求，对小组成员进行合理分工			10				
4	能列出气动系统安装和调试所需的工具、量具清单			10				
5	能制订送料装置动作气动系统工作计划			20				
6	能遵守劳动纪律，以积极的态度接受工作任务			10				
7	能积极参与小组讨论，团队间相互合作			20				
8	能及时完成老师布置的任务			10				
总分				100				
小结建议								

学习活动2 送料装置动作气动系统的安装与调试

学 习 目 标

1. 能根据已学知识画出送料装置动作气动系统中控制元件的图形符号并写出其用途。
2. 能够根据任务要求，完成送料装置动作气动系统的设计和调试。
3. 能在搭建和调试回路中发现问题，提出问题产生的原因和排除方法。
4. 能参照有关书籍及上网查阅相关资料。

学 习 过 程

我们已经学习了气动系统的基本组成及基本原理，请结合所学的知识完成以下任务。

1. 画气动元件符号

根据阀的名称，画出下表对应的气动元件符号。

序号	名称	结构	实物	符号
1	普通单向阀	A ← → P		
2	气压控制换向阀	a) b)		
3	电磁控制换向阀	a) b)		

（续）

序号	名称	结构	实物	符号
4	直动式双电控制二位五通换向阀			
5	先导式双电控制二位五通换向阀			

2. 了解气动单向阀的结构和功能

1）根据图2-2，查阅资料，描述单向阀的工作原理及功能。

_____

_____

_____

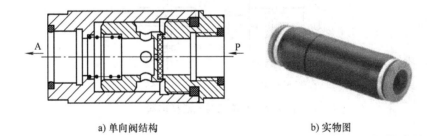

a) 单向阀结构   b) 实物图

图2-2　单向阀

2）根据图2-3，查阅资料，描述单向阀的作用。

_____

_____

_____

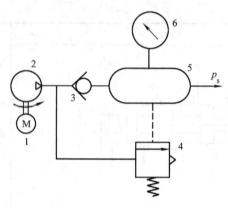

图 2-3　单向阀一次压力控制应用回路

1—电动机　2—空气压缩机　3—单向阀　4—溢流阀　5—气罐　6—电触点压力表

3. 了解电磁换向阀的结构和特点

根据图 2-4 所示，描述二位三通电磁换向阀在两种不同状态下的气路走向。

_____

_____

_____

_____

_____

_____

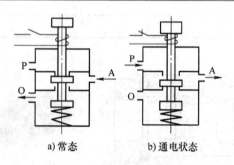

a) 常态　　　　　　b) 通电状态

图 2-4　二位三通电磁换向阀

4. 方向控制阀元件符号名称

查阅资料，填补方向控制阀元件符号名称。

序号	名称	符号	名称
1	二位三通		

（续）

序号	名称	符号	名称
2	二位四通		
3	二位五通		

5. 换向回路

根据图 2-5 和图 2-6，描述单作用气缸和双作用气缸换向回路的工作原理。

1）根据图 2-5 单作用气缸换向回路图，查阅资料，描述单作用气缸换向回路的工作原理。

_____

_____

_____

_____

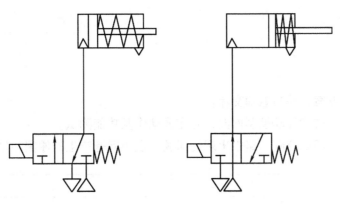

图 2-5　单作用气缸换向回路

2）根据图 2-6 双作用气缸换向回路图，查阅资料，描述双作用气缸换向回路的工作原理。

_____

_____

_____

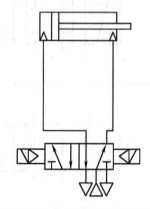

图 2-6　双作用气缸换向回路

6. 送料装置动作气动系统设计

1）根据任务要求，选择搭建气动回路所需要的气动元器件，写下确切的名字。

动力元件_____

执行元件_____

控制元件_____

辅助元件_____

2）画出设计方案（气动控制回路图）。

3）展示设计方案，并与老师交流。

4）在试验台上搭建气动控制回路，并完成动作及功能测试。

5）记录搭建和调试控制回路中出现的问题，说明问题产生的原因和排除方法。

问题 1：_____

原因：_____

_____

排除方法：_____

_____

问题 2：_____

原因：_____

排除方法：＿＿＿＿＿＿＿＿＿＿＿＿＿＿＿＿＿＿＿＿＿＿＿＿＿＿＿＿＿＿＿＿

＿＿＿＿＿＿＿＿＿＿＿＿＿＿＿＿＿＿＿＿＿＿＿＿＿＿＿＿＿＿＿＿＿＿＿＿＿＿

教师签名：

最后请您将自己的解决方案与其他同学进行比较，讨论出最佳的设计方案。

活动过程评价自评表

班级		姓名		学号		日期	年　月　日		
评价指标	评价要素				权重（%）	等级评定			
						A	B	C	D
信息检索	能有效利用网络资源、工作手册查找有效信息				5				
	能用自己的语言有条理地解释、表述所学知识				5				
	能将查找到的信息有效地转换到工作中				5				
感知工作	是否熟悉工作岗位，认同工作价值				5				
	是否在工作中获得满足感				5				
参与状态	教师、同学之间是否相互尊重、理解、平等				5				
	教师、同学之间是否保持多向、丰富、适宜的信息交流				5				
	探究学习，自主学习能不流于形式，能处理好合作学习和独立思考的关系，做到有效学习				5				
	能提出有意义的问题或能发表个人见解；能按要求正确操作；能够倾听、协作分享				5				
	积极参与，在产品加工过程中不断学习，能提高综合运用信息技术的能力				5				
学习方法	工作计划、操作技能是否符合规范要求				5				
	是否获得进一步发展的能力				5				
工作过程	遵守管理规程，操作过程符合现场管理要求				5				
	平时上课能按时出勤，每天能及时完成工作任务				5				
	善于多角度思考问题，能主动发现、提出有价值的问题				5				

（续）

班级			姓名		学号		日期	年 月 日		
评价 指标	评价要素						权重 （%）	等级评定		
								A	B	C	D
思维状态	能发现问题、提出问题、分析问题、解决问题、创新问题						5				
自评 反馈	能按时按质完成工作任务						5				
	能较好地掌握专业知识点						5				
	具有较强的信息分析能力和理解能力						5				
	具有较为全面严谨的思维能力并能条理明晰地表述成文						5				
自评等级											
有益的经 验和做法											
总结反思 建议											

等级评定：A：好　　　B：较好　　　C：一般　　　D：有待提高

学习活动过程评价表

班级		姓名		学号		日期	年 月 日	
评价内容（满分100分）		学生自评/分	同学互评/分	教师评价/分	总评/分			
专业技能 （60分）	工作页完成进度（30分）							
	对理论知识的掌握程度（10分）				A（86～100） B（76～85） C（60～75） D（60以下）			
	理论知识的应用能力（10分）							
	改进能力（10分）							
综合素养 （40分）	遵守现场操作的职业规范（10分）							
	信息获取的途径（10分）							
	按时完成学习和工作任务（10分）							
	团队合作精神（10分）							
总分								
综合得分 （学生自评10%、同学互评10%、教师评价80%）								
小结建议								

<h2 style="text-align:center">现场测试考核评价表</h2>

班级		姓名		学号		日期	年　月　日
序号	评价要点				配分/分	得分/分	总评/分
1	能明确工作任务				10		A（86~100） B（76~85） C（60~75） D（60以下）
2	能画出规范的气动符号				10		
3	能设计出正确的气动原理图				20		
4	能正确找到气动原理图上的元器件				10		
5	能根据原理图搭建回路				20		
6	能按正确的操作规程进行安装调试				10		
7	能积极参与小组讨论，团队间相互合作				10		
8	能及时完成老师布置的任务				10		
总分					100		
小结建议							

学习活动3　任务验收、交付使用

1. 能完成设备调试验收单的填写，明确验收要求。
2. 能按照企业工作制度请操作人员验收，交付使用。
3. 能按照企业要求进行6S管理要求检查。

1. 根据任务要求，熟悉设备调试验收单格式，并完成验收单的填写工作。

设备调试验收单

调试项目	送料装置动作气动系统的安装调试
调试单位	
调试时间节点	
验收日期	
验收项目及要求	
验收人	

2. 查阅相关资料，分别写出空载试机和负载试机的调试要求。

气动系统调试记录单

调试步骤	调试要求
空载试机	
负载试机	

3. 验收结束后，按照企业 6S 管理要求，整理现场，并完成下表的填写。

序号	名称	自我评价	做得较好的方面	做得不满意的方面	改进措施
1	整理				
2	整顿				
3	清扫				
4	清洁				
5	素养				
6	安全				

活动过程评价自评表

班级			姓名		学号		日期	年　月　日		
评价指标	评价要素					权重（%）	等级评定			
							A	B	C	D
信息检索	能有效利用网络资源、工作手册查找有效信息					5				
	能用自己的语言有条理地解释、表述所学知识					5				
	能将查找到的信息有效转换到工作中					5				
感知工作	是否熟悉工作岗位，认同工作价值					5				
	是否在工作中获得满足感					5				
参与状态	教师、同学之间是否相互尊重、理解、平等					5				
	教师、同学之间是否保持多向、丰富、适宜的信息交流					5				
	探究学习，自主学习能不流于形式，能处理好合作学习和独立思考的关系，做到有效学习					5				
	能提出有意义的问题或能发表个人见解；能按要求正确操作；能够倾听、协作分享					5				
	积极参与，在产品加工过程中不断学习，能提高综合运用信息技术的能力					5				

（续）

班级			姓名		学号		日期	年　月　日			
评价 指标	评价要素					权重 （%）	等级评定				
							A	B	C	D	
学习 方法	工作计划、操作技能是否符合规范要求					5					
	是否获得进一步发展的能力					5					
工作 过程	遵守管理规程，操作过程符合现场管理要求					5					
	平时上课能按时出勤，每天能及时完成工作任务					5					
	善于多角度思考问题，能主动发现、提出有价值的问题					5					
思维状态	能发现问题、提出问题、分析问题、解决问题、创新问题					5					
自评 反馈	能按时按质完成工作任务					5					
	能较好地掌握专业知识点					5					
	具有较强的信息分析能力和理解能力					5					
	具有较为全面严谨的思维能力并能条理明晰地表述成文					5					
自评等级											
有益的经 验和做法											
总结反思 建议											

等级评定：A：好　　B：较好　　C：一般　　D：有待提高

学习活动过程评价表

班级		姓名		学号		日期	年　月　日	
评价内容（满分100分）			学生自评/分	同学互评/分	教师评价/分	总评/分		
专业技能 （60分）	工作页完成进度（30分）					A（86~100） B（76~85） C（60~75） D（60以下）		
	对理论知识的掌握程度（10分）							
	理论知识的应用能力（10分）							
	改进能力（10分）							
综合素养 （40分）	遵守现场操作的职业规范（10分）							
	信息获取的途径（10分）							
	按时完成学习和工作任务（10分）							
	团队合作精神（10分）							
总分								
综合得分 （学生自评10%、同学互评10%、教师评价80%）								
小结建议								

现场测试考核评价表

班级		姓名		学号		日期		年　月　日
序号		评价要点			配分/分	得分/分		总评/分
1	能正确填写设备调试验收单				15			
2	能说出项目验收的要求				15			
3	能对安装的气动元件进行性能测试				15			
4	能对气动系统进行调试				15			A（86～100）
5	能按企业工作制度请操作人员验收，并交付使用				10			B（76～85）
6	能按照 6S 管理要求清理场地				10			C（60～75）
7	能遵守劳动纪律，以积极的态度接受工作任务				5			D（60 以下）
8	能积极参与小组讨论，团队间相互合作				10			
9	能及时完成老师布置的任务				5			
总分					100			
小结建议								

学习活动 4　工作总结与评价

1. 能按分组情况，分别派代表展示工作成果，说明本次任务的完成情况，并作分析总结。

2. 能结合自身任务完成情况，正确且规范地撰写工作总结（心得体会）。

3. 能就本次任务中出现的问题，提出改进措施。

4. 能对学习与工作进行反思总结，并能与他人开展良好合作，进行有效的沟通。

学习过程

1. 展示评价（个人、小组评价）

每个人先在组里进行经验交流与成果展示，再由小组推荐代表作必要的介绍。在交流的过程中，以组为单位进行评价；评价完成后，根据其他组成员对本组设备安装调试的评价意见进行归纳总结并完成如下项目：

（1）交流的结论是否符合生产实际？

符合□　　　　　基本符合□　　　　　不符合□

（2）与其他组相比，本小组设计的安装调试工艺如何？

工艺优异□　　　工艺合理□　　　　　工艺一般□

（3）本小组介绍经验时表达是否清晰？

很好□　　　　　一般，常补充□　　　　不清楚□

（4）本小组演示时，安装调试是否符合操作规程？

正确□　　　　　部分正确□　　　　　不正确□

（5）本小组演示操作时遵循了 6S 的工作要求吗？

符合工作要求□　　忽略了部分要求□　　　完全没有遵循□

（6）本小组的成员团队创新精神如何？

良好□　　　　　一般□　　　　　不足□

2. 自评总结（心得体会）

_____

_____

_____

_____

_____

_____

_____

_____

_____

_____

3. 教师评价

1）找出各组的优点进行点评。

2）对展示过程中各组的缺点进行点评，提出改进方法。

3）对整个任务完成中出现的亮点和不足进行点评。

总体评价表

班级：　　　　　姓名：　　　　学号：

项目	学生自评/分			同学互评/分			教师评价/分		
	10~9	8~6	5~1	10~9	8~6	5~1	10~9	8~6	5~1
	占总评10%			占总评30%			占总评60%		
学习活动1									
学习活动2									
学习活动3									
学习活动4									
协作精神									
纪律观念									
表达能力									
工作态度									
安全意识									
任务总体表现									
小计									
总评									

2.3　信息采集

2.3.1　方向控制阀工作原理

控制气流流动方向和气路通断的元件称为方向控制阀，利用方向控制阀使执行元件改变运动方向的控制回路称为换向回路。

按气流在阀内的流动方向不同，方向控制阀可分为单向型控制阀和换向型控制阀；按控制方式不同，分为手动控制、气动控制、电磁控制、机动控制等。

（1）方向控制阀的图形符号定义　如图 2-7 所示。

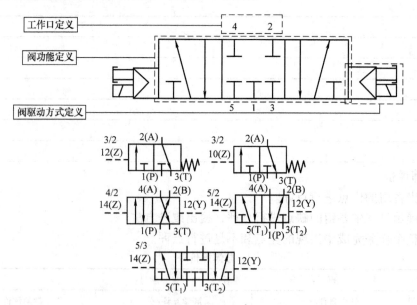

图 2-7　方向控制阀的图形符号定义
1—进气口　2、4—工作口　3、5—排气口　10、12、14—气控口

（2）按阀的切换通口数目分　阀的通口数目包括输入口、输出口和排气口。按切换通口的数目分，有二通阀、三通阀、四通阀和五通阀等。

1）二通阀有两个口，即一个输入口（用 P 表示）和一个输出口（用 A 表示）。

2）三通阀有三个口，除 P 口、A 口外，增加一个排气口（用 T 表示）。三通阀既可以是两个输入口（用 P1、P2 表示）和一个输出口，作为选择阀（选择两个不同大小的压力值），也可以是一个输入口和两个输出口，作为分配阀。

二通阀、三通阀有常通型和常断型之分。常通型是指阀的控制口未加控制信号（即零位），P 口和 A 口相通。反之，常断型阀在零位时，P 口和 A 口是断开的。

3）四通阀有四个口，除 P、A、T 外，还有一个输出口（用 B 表示），通路为 P→A、B→T 或 P→B、A→T。

4）五通阀有五个口，除 P、A、B 外，有两个排气口（用 T₁、T₂ 表示）。通路为 P→A、B→T、或 P→B、A→T。五通阀也可以变成选择式四通阀，即两个输入口（P1 和 P2）、两个输出口（A 和 B）和一个排气口 T。两个输入口供给压力不同的压缩空气。

（3）按阀的切换通口数目分　换向阀的通口数与图形符号见表 2-1。

表 2-1　换向阀的分类及图形符号

名称	二通阀		三通阀		四通阀	五通阀
	常断	常通	常断	常通		
图形符号	A／P	A／P	A／P T	A／P T	A B／P T	A B／T₁ P T₂

2.3.2　普通换向阀

1. 单向型方向控制阀

单向型方向控制阀包括单向阀、梭阀、双压阀和快速排气阀等。单向阀的工作原理、结构和图形符号与液压阀中的单向阀基本相同，在气动单向阀中，阀芯和阀座之间有一层胶垫（软质密封）。图 2-8 所示为单向阀的典型结构和符号，当气流由 P 口进气时，气体压力克服弹簧力和阀芯与阀体之间的摩擦力，阀芯左移，P、A 接通。当气流反向时，阀芯在 A 腔气压和弹簧力作用下右移，P、A 关闭。图 2-8b 所示为图形符号。

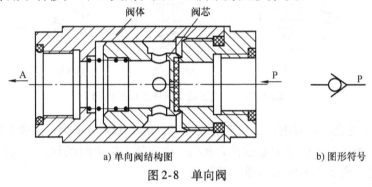

a) 单向阀结构图　　　　　　　b) 图形符号

图 2-8　单向阀

2. 换向型方向控制阀

（1）气压控制换向阀　用气体压力来使阀芯移动换向的操作方式称为气压控制，常用的多为加压控制和差压控制。加压控制是指施加在阀芯控制端的压力逐渐升高到一定值时，使阀芯迅速移动换向控制。差压控制是指阀芯采用气压复位或弹簧复位的情况下，利用阀芯两端受气压作用的面积不等（或两端气压不等）而产生轴向力差值，使阀芯迅速移动换向的控制。按阀芯结构特性可分截止式换向阀和滑阀式换向阀，滑阀式换向阀与液压换向阀的结构和工作原理基本相同。

图 2-9 所示为二位三通截止式气控换向阀。这种换向阀的开启和关闭是用大于管道直径的圆盘从端面进行控制的。图 2-9a 所示为无控制信号时的状态，阀芯 1 在弹簧 2 作用下处于上端位置，A 与 T 相通。图 2-9b 所示为有气控信号时的状态，由于气压的作用，阀芯 1 压缩弹簧 2 下移，P 与 A 相通。图 2-9c 所示为图形符号。

（2）电磁控制换向阀　由电磁力推动阀芯进行交换。图 2-10a 所示为二位三通单电磁控制换向阀处于常态，电磁铁不通电时，由于弹簧力的作用，A 与 T 相通。图 2-10b 所示为通电状态，阀芯被推向下端，P 与 A 相通，阀处于进气状态。图 2-10c 所示为图形符号。

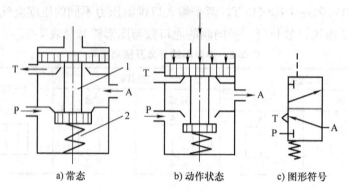

a) 常态   b) 动作状态   c) 图形符号

图 2-9 二位三通截止式气控换向阀

1—阀芯 2—弹簧

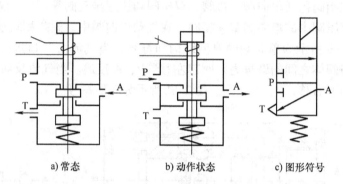

a) 常态   b) 动作状态   c) 图形符号

图 2-10 二位三通单电磁控制换向阀

图 2-11 所示为直动式双电控二位五通换向阀，图 2-11a 所示为电磁铁 1 通电、电磁铁 2 断电时的状态，图 2-11b 所示为电磁铁 2 通电、电磁铁 1 断电时的状态。这种阀的两个电磁铁不能同时通电。图 2-11c 所示为图形符号。

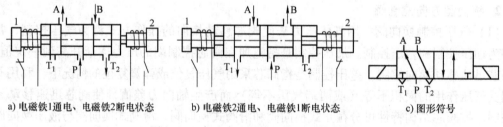

a) 电磁铁1通电、电磁铁2断电状态   b) 电磁铁2通电、电磁铁1断电状态   c) 图形符号

图 2-11 直动式双电控二位五通换向阀

图 2-12 所示为先导式双电控二位五通换向阀，图 2-12a 所示为电磁铁 1 通电、电磁铁 3 断电，主阀 K_1 腔进气，主阀 K_2 腔排气，主阀芯右移，P 与 A 接通，B 与 T_2 接通。反之，图 2-12b 所示 K_2 腔进气，K_1 腔排气，主阀芯左移，P 与 B 接通，A 与 T_1 接通。图 2-12c 所示为图形符号。

（3）气压延时换向阀 延时换向阀的作用相当于时间继电器。图 2-13 所示为二位三通延时换向阀，它由延时部分和换向阀部分组成。当无气控信号时，P 与 A 断开；当有气控信号时，气体从 X 口输入经可调节流阀节流后到 a 腔内，直到腔内的气压上升到某一值时，阀

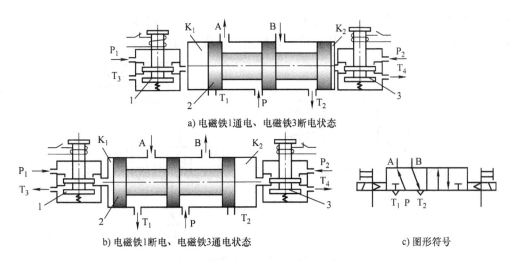

a) 电磁铁1通电、电磁铁3断电状态

b) 电磁铁1断电、电磁铁3通电状态　　　　　　　c) 图形符号

图 2-12　先导式双电控二位五通换向阀

1、3—电磁铁　2—主阀芯

芯由左向右移动，使 P 与 A 接通，A 口有输出。当气控信号消失后，腔内气压降低。这种阀的延时时间可在 0～20s 内调整。

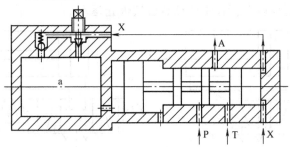

图 2-13　二位三通延时换向阀

（4）机械控制换向阀　机械控制换向阀是靠机动（行程挡块）或手动（人力）来使阀产生切换动作的，其工作原理与液压阀基本相同。机械控制换向阀如图 2-14 所示。

a) 机械阀(行程阀)　　　　b) 手拉阀　　　　c) 手扳阀

图 2-14　机械控制换向阀

2.3.3　换向控制回路的应用

1. 单作用气缸换向回路

图 2-15 所示为单作用气缸换向回路。在图 2-15a 所示回路中，当电磁铁通电时，气压

使活塞杆伸出,当电磁铁断电时,活塞杆在弹簧作用下缩回。在图2-15b所示回路中,电磁铁断电后能使活塞停留在行程中任意位置,但定位精度不高。

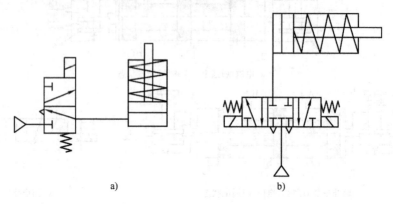

a)   b)

图2-15 单作用气缸换向回路

2. 双作用气缸换向回路

在图2-16a所示双作用气缸换向回路中,对换向阀左右两侧分别输入控制信号,使活塞伸出和收缩。此回路不允许左右两侧同时加等压控制信号。在图2-16b所示回路中,除控制双作用气缸换向外,还可以在行程中的任意位置停止运动。

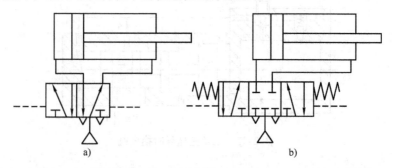

a)   b)

图2-16 双作用气缸换向回路

3. 方向控制回路的应用

利用一个单作用气缸将某方向传送装置送来的物料推送到与其垂直的传送装置上进一步加工。通过一个按钮使气缸活塞杆伸出,将木块推出;松开按钮,气缸活塞杆缩回。

图2-17所示为工件转运装置的气动系统控制回路,其设计可采用直接控制回路(见图2-18)来完成,也可采用间接控制回路(见图2-19)来完成。

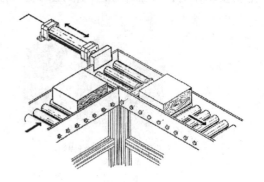

图2-17 工件转运装置

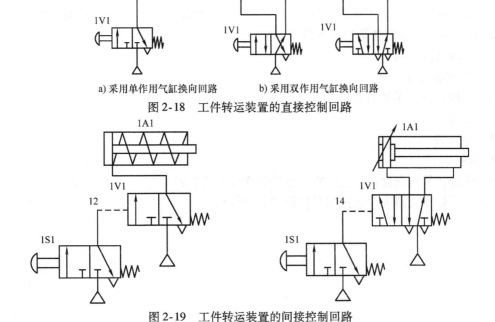

a) 采用单作用气缸换向回路   b) 采用双作用气缸换向回路

图 2-18 工件转运装置的直接控制回路

图 2-19 工件转运装置的间接控制回路

2.4 学习任务应知考核

1. 填空题

1）按照气流在阀内的流动方向，方向控制阀可以分为_____阀和_____阀。

2）按照控制方式，方向控制阀可以分为_____、_____、_____等。

2. 选择题

1）在气压控制换向阀中，施加在阀芯控制端的压力逐渐升高到一定值时，使阀芯迅速沿加压方向移动。这样的控制属于_____。

A. 加压控制　　　　B. 差压控制　　　　C. 时间控制　　　　D. 卸压控制

2）下图所示中元件3是_____。

A. 梭阀　　　　　　B. 双压阀　　　　　C. 单向阀　　　　　D. 快速排气阀

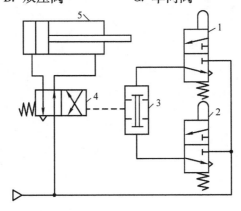

3) 主控阀的换向受三个串联机控三通阀的控制，只有三个机控三通阀都接通时，主控阀才能换向。这种回路称_____。

A. 双手操作回路   B. 互锁回路   C. 过载保护回路   D. 延时回路

3. 画出下列气动控制阀的图形符号

1) 直动式溢流阀

2) 快速排气阀

3) 气控二位三通换向阀

4) 梭阀

5) 双压阀

4. 问答题

1) 快速排气阀有什么用途？它一般安装在什么位置？

2) 双手操作回路为什么能起保护操作者的作用？

任务 3　气动系统压力控制回路的安装与调试

3.1　学习任务要求

3.1.1　知识目标

1. 了解压力控制阀的基础原理。
2. 掌握压力控制回路的特点和应用。

3.1.2　素质目标

1. 遵守现场操作的职业规范，具备安全、整洁、规范实施工作任务的能力。
2. 具有良好的职业道德、职业责任感和不断学习的精神。
3. 具有不断开拓创新的意识。
4. 以积极的态度对待训练任务，具有团队交流和协作能力。

3.1.3　能力目标

1. 能明确任务，正确选用各种压力控制阀。
2. 能按照工艺文件和装配原则，通过小组讨论，写出安装调试简单压力控制回路的步骤。
3. 能正确选择气动系统的拆装工具、调试工具、维修工具和量具等，并按规定领用。
4. 能按照要求，合理布局气动元件，并根据图样搭建回路。
5. 能对搭建好的气动压力控制回路进行装配和调试，排除故障，恢复其工作要求。
6. 能严格遵守起吊、搬运、用电、消防等安全操作规程要求。
7. 能按照企业工作制度请操作人员验收，交付使用，并填写调试记录。
8. 能按 6S 要求，整理场地，归置物品，并按照环保规定处置废油液等废弃物。
9. 能写出完成此项任务的工作小结。

3.2　工作页

3.2.1　工作任务情景描述

图 3-1 为气动压实机装置示意图，碎料在压实机中经过压实后运出。原料由压实机口送入压实机中，气缸 2A1 将其推入压实区。气缸 1A1 用于对碎料进行压实，其活塞在一个手动按钮控制下伸出，对碎料进行压实。

当气缸无杆腔压力达到 5bar ［1bar = 0.1MPa 一般控制器界面出现排气压力值为 5bar 时，表示该台空压机目前的工作压力值达到了 5kgf（1kgf = 9.80665N）］时，表明一个压实过

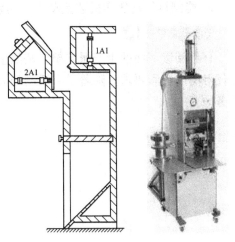

图 3-1　气动压实机装置示意图

程结束，气缸活塞自动缩回。这时可以打开压实区的底板，将压实后的碎料从压实机底部取出。

根据上述要求，设计气缸 1A1 的控制回路。

3.2.2 工作流程与活动

小组成员在接到任务后，到现场与操作人员沟通，认真观察气动压实机装置，查阅压实机装置相关技术参数资料后，进行任务分工安排；制订工作流程和步骤，做好准备工作；在工作过程中，通过对气动压实机装置动作气动系统的设计、安装、调试及不断优化，搭建好碎料压实机装置的气动系统。安装调试完成后，请操作人员验收，合格后交付使用，并填写调试记录。最后，撰写工作小结，小组成员进行经验交流。在工作过程中严格遵守起吊、搬运、用电、消防等安全操作规程，按照现场管理规范清理场地、归置物品，并按照环保规定处置废弃物。

学习活动 1 　接受工作任务、制订工作计划
学习活动 2 　气动压实机装置动作气动系统的安装与调试
学习活动 3 　任务验收、交付使用
学习活动 4 　工作总结与评价

学习活动 1 　接受工作任务、制订工作计划

学 习 目 标

1. 能识读生产派工单，接受气动压实机装置动作气动系统的安装、调试工作任务，明确任务要求。

2. 能查阅相关资料，了解气动压实机装置动作气动系统的组成、结构等相关知识。

3. 查阅相关技术资料，了解气动压实机装置动作气动系统的主要工作内容。

4. 能正确选择气动压实机装置动作气动系统的拆装、调试所用的工具、量具等，并按规定领用。

5. 能制订气动压实机装置动作气动系统安装、调试工作计划。

学 习 过 程

仔细阅读下面的生产派工单，按照生产派工单提供的基本信息，查阅相关资料，明确工作任务的内容和要求。随着学习活动的展开，逐项填写生产派工单中的空白项目，完成学习任务。

生产派工单

单 号：　　　　　　　　开单部门：　　　　　　　　　开单人：

开单时间：　　年　月　日　时　分　　接单人：　　部　　小组

（签名）

以下由开单人填写			
产品名称		完成工时	工时
产品技术要求			

以下由接单人和确认方填写			
领取材料（含消耗品）		成本核算	金额合计： 仓管员（签名） 年　月　日
领用工具			
操作者检测			（签名） 年　月　日
班组检测			（签名） 年　月　日
质检员检测			（签名） 年　月　日
生产数量统计	合格		
	不良		
	返修		
	报废		

统计：　　　　　　审核：　　　　　　批准：

根据任务要求，对现有小组成员进行合理分工，并填写分工表。

序号	组员姓名	组员任务分工	备注

查阅资料，小组讨论并制订气动压实机装置动作气动系统安装调试的工作计划。

序号	工作内容	完成时间	工作要求	备注
1	接受生产派工单		认真识读生产派工单，了解任务要求	
2				
3				
4				
5				
6				
7				
8				
9				
10				

评 价 与 分 析

活动过程评价自评表

班级			姓名		学号		日期	年 月 日		
评价指标	评价要素					权重（%）	等级评定			
							A	B	C	D
信息检索	能有效利用网络资源、工作手册查找有效信息					5				
	能用自己的语言有条理地解释、表述所学知识					5				
	能将查找到的信息有效转换到工作中					5				
感知工作	是否熟悉工作岗位，认同工作价值					5				
	是否在工作中获得满足感					5				
参与状态	教师、同学之间是否相互尊重、理解、平等					5				
	教师、同学之间是否保持多向、丰富、适宜的信息交流					5				
	探究学习，自主学习能不流于形式，能处理好合作学习和独立思考的关系，做到有效学习					5				
	能提出有意义的问题或能发表个人见解；能按要求正确操作；能够倾听、协作分享					5				
	积极参与，在产品加工过程中不断学习，能提高综合运用信息技术的能力					5				
学习方法	工作计划、操作技能是否符合规范要求					5				
	是否获得进一步发展的能力					5				
工作过程	遵守管理规程，操作过程符合现场管理要求					5				
	平时上课能按时出勤，每天能及时完成工作任务					5				
	善于多角度思考问题，能主动发现、提出有价值的问题					5				
思维状态	能发现问题、提出问题、分析问题、解决问题、创新问题					5				
自评反馈	能按时按质完成工作任务					5				
	能较好地掌握专业知识点					5				
	具有较强的信息分析能力和理解能力					5				
	具有较为全面严谨的思维能力并能条理明晰地表述成文					5				
自评等级										
有益的经验和做法										
总结反思建议										

等级评定：A：好　　B：较好　　C：一般　　D：有待提高

学习活动过程评价表

班级		姓名		学号		日期		年　月　日	
\multicolumn{6}{c}{评价内容（满分100分）}						学生自评/分	同学互评/分	教师评价/分	总评/分
专业技能（60分）	工作页完成进度（30分）								
	对理论知识的掌握程度（10分）								A（86~100）
	理论知识的应用能力（10分）								B（76~85）
	改进能力（10分）								C（60~75）
综合素养（40分）	遵守现场操作的职业规范（10分）								D（60以下）
	信息获取的途径（10分）								
	按时完成学习和工作任务（10分）								
	团队合作精神（10分）								
\multicolumn{6}{c}{总分}									
\multicolumn{6}{c}{综合得分（学生自评10%、同学互评10%、教师评价80%）}									
小结建议									

现场测试考核评价表

班级		姓名		学号		日期		年　月　日	
序号	\multicolumn{5}{c}{评价要点}					配分/分	得分/分	总评/分
1	能正确识读并填写生产派工单，明确工作任务					10		
2	能查阅资料，熟悉气动系统的组成和结构					10		
3	能根据工作要求，对小组成员进行合理分工					10		A（86~100）
4	能列出气动系统安装和调试所需的工具、量具清单					10		B（76~85）
5	能制订气动压实机装置动作气动系统工作计划					20		C（60~75）
6	能遵守劳动纪律，以积极的态度接受工作任务					10		D（60以下）
7	能积极参与小组讨论，团队间相互合作					20		
8	能及时完成老师布置的任务					10		
\multicolumn{6}{c}{总分}						100		
小结建议								

学习活动2　气动压实机装置动作气动系统的安装与调试

 学 习 目 标

1. 能根据已学知识画出气动压实机装置动作气动系统中控制元件的图形符号，并写出其用途。
2. 能够根据任务要求，完成气动压实机装置动作气动系统的设计和调试。
3. 能在搭建和调试回路中发现问题，提出问题产生的原因和排除方法。
4. 能参照有关书籍及上网查阅相关资料。

学 习 过 程

我们已经掌握了压力控制回路的应用，请您根据任务要求，结合所学的知识完成气动压实机装置压力控制回路的设计和调试，完成以下任务。

1）根据阀的名称，画出下表对应的气动元件符号。

序号	名称	结构	实物	图形符号
1	非溢流式减压阀	p_1 → p_2 →		
2	溢流式减压阀	常泄式溢流孔		

（续）

序号	名称	结构	实物	图形符号
3	顺序阀	P_2　　P_1		
4	溢流阀	P　　T		

2）查阅资料，根据图 3-2 所示及溢流减压阀的结构，描述其工作原理及功能特点。

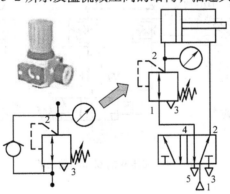

图 3-2　溢流减压阀回路

如图 3-2 所示，请思考：当被压变大时，为何要并联一个单向阀？

_____

_____

3）根据溢流阀的图形结构，查阅资料描述其工作原理及功能特点。

_____

_____

4）查阅资料，根据图 3-3 所示及顺序阀的结构，描述其工作原理及功能特点。

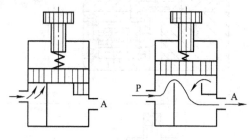

图 3-3　顺序阀

_____

_____

5）在气动系统中，有时需要提供两种不同的压力，来驱动双作用气缸在不同方向上的运动。查阅资料，请描述图 3-4 所示的减压阀的双压驱动回路的工作原理。

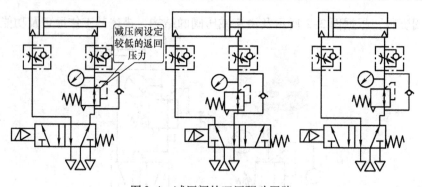

图 3-4　减压阀的双压驱动回路

_____

_____

6）在一些场合，需要根据工件重量的不同，设定低、中、高三种平衡压力。查阅资料，请描述图 3-5 所示的多级压力控制回路的工作原理。

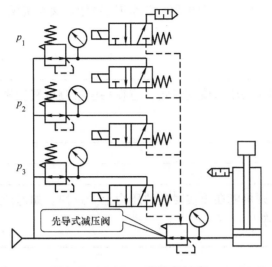

图 3-5　多级压力控制回路

7）气动压实机装置动作气动系统设计。我们已经掌握了压力控制回路的应用，请您根据任务要求，结合所学的知识完成气动压实机装置压力控制回路的设计和调试，如图 3-6 所示。

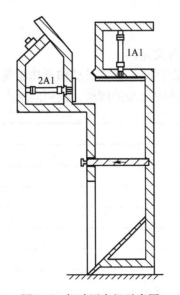

图 3-6　气动压实机示意图

① 根据任务要求，设计气缸 1A1 的控制回路。

在这个项目中，气缸 1A1 活塞的返回控制应采用什么阀来实现？

_____

_____

② 为方便压力检测和阀压力值的设定，应在相应检测位置安装压力表，该表应装在哪个位置？

_____

_____

③ 若不进行节流，则可能在压实时导致压力上升过快。如何通过进气节流来降低压力上升速度，使阀可靠工作？

_____

_____

_____

④ 根据任务要求，选择搭建气动回路所需要的气动元器件，写下确切的名字。

动力元件_____

执行元件_____

控制元件_____

辅助元件_____

⑤ 画出设计方案（气动控制回路图）。

⑥ 展示设计方案，并与老师交流。

⑦ 在试验台上搭建气动控制回路，并完成动作及功能测试。

⑧ 记录搭建和调试控制回路中出现的问题，说明问题产生的原因和排除方法。

问题 1：_____

原因：_____

_____

排除方法：_____

_____

问题 2：_____

原因：_____

_____

排除方法：_____

_____

教师签名：

最后请您将自己的解决方案与其他同学的相比较，讨论出最佳的设计方案。

活动过程评价自评表

班级		姓名		学号		日期	年　月　日		
评价 指标	评价要素				权重 （%）	等级评定			
						A	B	C	D
信息 检索	能有效利用网络资源、工作手册查找有效信息				5				
	能用自己的语言有条理地解释、表述所学知识				5				
	能将查找到的信息有效转换到工作中				5				
感知 工作	是否熟悉工作岗位，认同工作价值				5				
	是否在工作中获得满足感				5				
参与 状态	教师、同学之间是否相互尊重、理解、平等				5				
	教师、同学之间是否保持多向、丰富、适宜的信息交流				5				
	探究学习，自主学习能不流于形式，能处理好合作学习和独立思考的关系，做到有效学习				5				
	能提出有意义的问题或能发表个人见解；能按要求正确操作；能够倾听、协作分享				5				
	积极参与，在产品加工过程中不断学习，能提高综合运用信息技术的能力				5				
学习 方法	工作计划、操作技能是否符合规范要求				5				
	是否获得进一步发展的能力				5				
工作 过程	遵守管理规程，操作过程符合现场管理要求				5				
	平时上课能按时出勤，每天能及时完成工作任务				5				
	善于多角度思考问题，能主动发现、提出有价值的问题				5				
思维状态	能发现问题、提出问题、分析问题、解决问题、创新问题				5				
自评 反馈	能按时按质完成工作任务				5				
	能较好地掌握专业知识点				5				
	具有较强的信息分析能力和理解能力				5				
	具有较为全面严谨的思维能力并能条理明晰地表述成文				5				
自评等级									
有益的经 验和做法									
总结反思 建议									

等级评定：A：好　　　B：较好　　　C：一般　　　D：有待提高

学习活动过程评价表

班级		姓名		学号		日期		年　月　日	
评价内容（满分100分）					学生自评	同学互评	教师评价	总评/分	
专业技能（60分）	工作页完成进度（30分）							A（86~100）B（76~85）C（60~75）D（60以下）	
	对理论知识的掌握程度（10分）								
	理论知识的应用能力（10分）								
	改进能力（10分）								
综合素养（40分）	遵守现场操作的职业规范（10分）								
	信息获取的途径（10分）								
	按时完成学习和工作任务（10分）								
	团队合作精神（10分）								
总分									
综合得分（学生自评10%、同学互评10%、教师评价80%）									
小结建议									

现场测试考核评价表

班级		姓名		学号		日期		年　月　日
序号	评价要点				配分/分	得分/分	总评/分	
1	能明确工作任务				10		A（86~100）B（76~85）C（60~75）D（60以下）	
2	能画出规范的气动符号				10			
3	能设计出正确的气动原理图				20			
4	能正确找到气动原理图上的元器件				10			
5	能根据原理图搭建回路				20			
6	能按正确的操作规程进行安装调试				10			
7	能积极参与小组讨论，团队间相互合作				10			
8	能及时完成老师布置的任务				10			
总分					100			
小结建议								

学习活动 3　任务验收、交付使用

学习目标

1. 能完成设备调试验收单的填写，明确验收要求。
2. 能按照企业工作制度请操作人员验收，交付使用。
3. 能按照企业要求进行 6S 管理要求检查。

学习过程

1）根据任务要求，熟悉调试验收单格式，并完成验收单的填写工作。

设备调试验收单	
调试项目	气动压实机装置动作气动系统的安装调试
调试单位	
调试时间节点	
验收日期	
验收项目及要求	
验收人	

2）查阅相关资料，分别写出空载试机和负载试机的调试要求。

气动系统调试记录单	
调试步骤	调试要求
空载试机	
负载试机	

3）验收结束后，按照企业 6S 管理要求，整理现场，并完成下列表格的填写。

序号	名称	自我评价	做得较好的方面	做得不满意的方面	改进措施
1	整理				
2	整顿				
3	清扫				
4	清洁				
5	素养				
6	安全				

活动过程评价自评表

班级		姓名		学号		日期	年 月 日		
评价 指标	评价要素				权重 （%）	等级评定			
						A	B	C	D
信息 检索	能有效利用网络资源、工作手册查找有效信息				5				
	能用自己的语言有条理地解释、表述所学知识				5				
	能将查找到的信息有效转换到工作中				5				
感知 工作	是否熟悉工作岗位，认同工作价值				5				
	是否在工作中获得满足感				5				
参与 状态	教师、同学之间是否相互尊重、理解、平等				5				
	教师、同学之间是否保持多向、丰富、适宜的信息交流				5				
	探究学习，自主学习能不流于形式，能处理好合作学习和独立思考的 关系，做到有效学习				5				
	能提出有意义的问题或能发表个人见解；能按要求正确操作；能够倾 听、协作分享				5				
	积极参与，在产品加工过程中不断学习，能提高综合运用信息技术的 能力				5				
学习 方法	工作计划、操作技能是否符合规范要求				5				
	是否获得进一步发展的能力				5				
工作 过程	遵守管理规程，操作过程符合现场管理要求				5				
	平时上课能按时出勤，每天能及时完成工作任务				5				
	善于多角度思考问题，能主动发现、提出有价值的问题				5				
思维状态	能发现问题、提出问题、分析问题、解决问题、创新问题				5				
自评 反馈	能按时按质完成工作任务				5				
	能较好地掌握专业知识点				5				
	具有较强的信息分析能力和理解能力				5				
	具有较为全面严谨的思维能力并能条理明晰地表述成文				5				
自评等级									
有益的经 验和做法									
总结反思 建议									

等级评定：A：好　　B：较好　　C：一般　　D：有待提高

学习活动过程评价表

班级		姓名		学号		日期		年　月　日	
评价内容（满分100分）				学生自评/分	同学互评/分	教师评价/分	总评/分		
专业技能 （60分）	工作页完成进度（30分）						A（86~100） B（76~85） C（60~75） D（60以下）		
	对理论知识的掌握程度（10分）								
	理论知识的应用能力（10分）								
	改进能力（10分）								
综合素养 （40分）	遵守现场操作的职业规范（10分）								
	信息获取的途径（10分）								
	按时完成学习和工作任务（10分）								
	团队合作精神（10分）								
总分									
综合得分 （学生自评10%、同学互评10%、教师评价80%）									
小结建议									

现场测试考核评价表

班级		姓名		学号		日期	年　月　日	
序号	评价要点			配分/分	得分/分	总评/分		
1	能正确填写设备调试验收单			15		A（86~100） B（76~85） C（60~75） D（60以下）		
2	能说出项目验收的要求			15				
3	能对安装的气动元件进行性能测试			15				
4	能对气动系统进行调试			15				
5	能按企业工作制度请操作人员验收，并交付使用			10				
6	能按照6S管理要求清理场地			10				
7	能遵守劳动纪律，以积极的态度接受工作任务			5				
8	能积极参与小组讨论，团队间相互合作			10				
9	能及时完成老师布置的任务			5				
总分				100				
小结建议								

学习活动 4　工作总结与评价

学 习 目 标

1. 能按分组情况，分别派代表展示工作成果，说明本次任务的完成情况，并作分析总结。

2. 能结合自身任务完成情况，正确规范地撰写工作总结（心得体会）。

3. 能就本次任务中出现的问题，提出改进措施。

4. 能对学习与工作进行反思、总结，并能与他人开展良好合作，进行有效的沟通。

学 习 过 程

1. 展示评价（个人、小组评价）

每个人先在组里进行经验交流与成果展示，再由小组推荐代表作必要的介绍。在交流的过程中，以组为单位进行评价；评价完成后，根据其他组成员对本组设备安装调试的评价意见进行归纳总结并完成如下项目：

（1）交流的结论是否符合生产实际？

符合□　　　　　基本符合□　　　　　不符合□

（2）与其他组相比，本小组设计的安装调试工艺如何？

工艺优异□　　　工艺合理□　　　　　工艺一般□

（3）本小组介绍经验时表达是否清晰？

很好□　　　　　一般，常补充□　　　　不清楚□

（4）本小组演示时，安装调试是否符合操作规程？

正确□　　　　　部分正确□　　　　　不正确□

（5）本小组演示操作时遵循了 6S 的工作要求吗？

符合工作要求□　　忽略了部分要求□　　完全没有遵循□

（6）本小组的成员团队创新精神如何？

良好□　　　　　一般□　　　　　　　不足□

2. 自评总结（心得体会）

_____

_____

_____

_____

3. 教师评价

1）找出各组的优点进行点评。

2）对展示过程中各组的缺点进行点评，提出改进方法。

3）对整个任务完成中出现的亮点和不足进行点评。

总体评价表

班级：　　　　　姓名：　　　　学号：

项目	学生自评/分			同学互评/分			教师评价/分		
	10 ~ 9	8 ~ 6	5 ~ 1	10 ~ 9	8 ~ 6	5 ~ 1	10 ~ 9	8 ~ 6	5 ~ 1
	占总评10%			占总评30%			占总评60%		
学习活动 1									
学习活动 2									
学习活动 3									
学习活动 4									
协作精神									
纪律观念									
表达能力									
工作态度									
安全意识									
任务总体表现									
小计									
总评									

3.3　信息采集

3.3.1　压力控制的定义和应用

压力控制主要指的是控制、调节气动系统中压缩空气的压力，以满足系统对压力的要求。在气动系统中，控制压缩空气的压力和依靠压缩空气的压力来控制执行元件动作顺序的阀统称为压力控制阀。

根据阀的控制作用不同，压力控制阀可分为减压阀、溢流阀和顺序阀。常用压力控制阀及图形符号见表 3-1。

表 3-1　常用压力控制阀及图形符号

序号	气动阀名称	图形符号
1	减压阀，非溢流式	
2	减压阀，溢流式	

（续）

序号	气动阀名称	图形符号
3	顺序阀，外控式	
4	顺序阀，内控式	
5	溢流阀	
6	增压器	
7	组合顺序阀	

3.3.2　压力控制阀

1. 减压阀

（1）减压阀的作用　减压阀是用来调节或控制气压的变化，并保持降压后的输出压力稳定在需要的值上，确保系统压力稳定。

（2）减压阀的分类　减压阀的种类繁多，可按压力调节方式、排气方式等进行分类。

1）按压力调节方式分类，减压阀有直动式减压阀和先导式减压阀两大类。

直动式减压阀利用柄或旋钮直接调节调压弹簧来改变减压阀输出压力。

先导式减压阀是采用压缩空气代替调压弹簧来调节输出压力的。它又可分为外部先导式和内部先导式。

2）按排气方式分类，减压阀分为溢流式、非溢流式和恒量排气式三种。

溢流式减压阀的特点是减压过程中从溢流孔里排出少量多余的气体，维持输出压力不变。

非溢流式减压阀没有溢流孔，使用时回路中要安装一个放气阀，以排出输出侧的部分气体。它适用于调节有害气体压力的场合，可防止大气污染。

恒量排气式减压阀始终有微量气体从溢流阀座的小孔排出，能更准确地调整压力。一般它用于输出压力要求调节精度高的场合。

（3）减压阀的结构原理

1）直动式减压阀（见图 3-7）的工作原理是：顺时针方向转动调节旋钮 5，经过调压弹簧 6、7，推动膜片 9 下移，膜片 9 又推动阀杆 12 下移，进气阀 2 被打开，使出口压力增大。同时，输出气压经阻尼管 11 在膜片 9 上产生向上的推力。这个作用力总是企图把进气阀关小，使出口压力降低，这样的作用称为负反馈。当作用在膜片上的反馈力与弹簧的作用力相平衡时，减压阀便有稳定的压力输出。

2）先导式减压阀的工作原理和结构与直动式调压阀基本相同，它们的不同是：先导式调压阀的调压气体一般由小型的直动式减压阀供给，用调压气体代替调压弹簧来调整输出压力。

先导式减压阀可分为内部先导式和外部先导式。

若把小型直动式减压阀装在阀的内部来控制主阀的输出压力，称为内部先导式减压阀，如图 3-8 所示。固定节流孔 1 及上气室 4 组成喷嘴挡板环节。由于先导气压的调节部分采用了具有高灵敏度的喷嘴挡板机构，当喷嘴 2 与挡板 3 之间的距离发生微小变化时（差零点几毫米），就会使上气室 4 中压力发生很明显的变化，从而引起膜片 9 有较大的位移，并去控制阀芯 7 的上下移动，使主阀口开大或开小，提高了对阀芯控制的灵敏度，故有较高的调压精度。

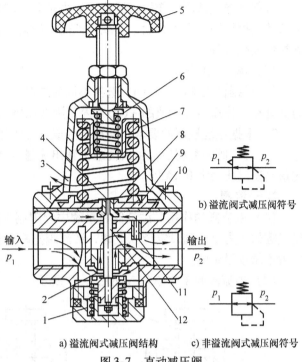

b) 溢流阀式减压阀符号

c) 非溢流阀式减压阀符号

a) 溢流阀式减压阀结构

图 3-7　直动减压阀

1—复位弹簧　2—进气阀　3—排气孔　4—溢流孔
5—调节旋钮　6、7—调压弹簧　8—溢流阀座
9—膜片　10—膜片气室　11—阻尼管　12—阀杆

若将小型直动式减压阀装在主阀的外部，则称为外部先导式减压阀，如图 3-9 所示。

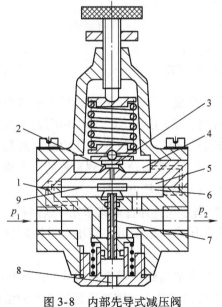

图 3-8　内部先导式减压阀

1—固定节流孔　2—喷嘴　3—挡板　4—上气室
5—中气室　6—下气室　7—阀芯　8—排气孔　9—膜片

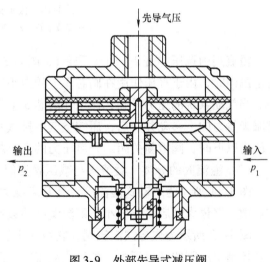

图 3-9　外部先导式减压阀

外部先导式减压阀作用在膜片上的力是靠主阀外部的一个小型直动溢流式减压阀供给压缩气体来控制膜片上下移动，实现调整输出压力的目的。所以，外部先导式减压阀又称远距离控制式减压阀。

（4）减压阀的选择

1）根据调压精度的不同，选择不同形式减压阀。当要求出口压力波动小时，若出口压力波动在工作压力最大值的 ±0.5% 内，则选用精密减压阀。

2）根据系统控制的要求，若需遥控或通径大于 20mm，应选用外部先导式减压阀。

3）确定阀的类型后，由所需最大输出流量选择阀的通径，决定阀的气源压力时应使其比最高输出压力大 0.1MPa。

2. 溢流阀

（1）溢流阀的作用　溢流阀在系统中起限制最高压力，保护系统安全的作用。当回路、储气罐的压力上升到设定值以上时，溢流阀把超过设定值的压缩空气排入大气，以保持输入压力不超过设定值。

（2）溢流阀的工作原理　如图 3-10 所示。

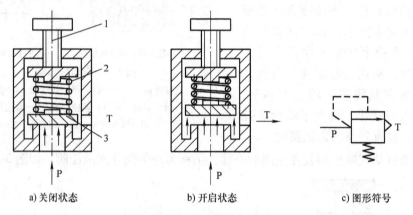

a) 关闭状态　　　　　　　　b) 开启状态　　　　　　　　c) 图形符号

图 3-10　溢流阀的工作原理

1—调节手轮　2—调压弹簧　3—阀芯

溢流阀由调压弹簧 2、调节手轮 1、阀芯 3 和壳体组成。当气动系统的气体压力在规定的范围内时，由于气压作用在阀芯 3 上的力小于调压弹簧 2 的预压力，所以阀门处于关闭状态。当气动系统的压力升高，作用在阀芯 3 上的力超过了调压弹簧 2 的预压力时，阀芯 3 就克服弹簧力向上移动并开启，压缩空气由排气孔 T 排出，实现溢流，直到系统的压力降至规定压力以下时，阀重新关闭。开启压力的大小靠调压弹簧的预压缩量来实现。

（3）溢流阀的分类　溢流阀与减压阀类似，按控制方式分为直动式和先导式两种。

图 3-11 所示为直动式溢流阀，其开启压力与关闭压力比较接近，即压力特性较好、动作灵敏，但最大开启量比较小，即流量特性较差。

图 3-12 所示为先导式溢流阀，它由一小型的直动式减压阀提供控制信号，以气压代替弹簧控制溢流阀的开启压力。先导式溢流阀一般用于管道直径大或需要远距离控制的场合。

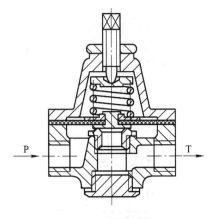

图 3-11　直动式溢流阀

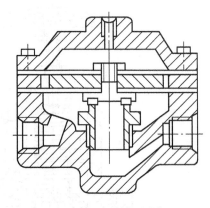

图 3-12　先导式溢流阀

（4）溢流阀的选型方法

1）根据需要的溢流量选择溢流阀的通径。

2）溢流阀的调定压力越接近阀的最高使用压力，则溢流阀的溢流特性越好。

3. 顺序阀

（1）顺序阀的作用　顺序阀是根据回路中气体压力的大小来控制各种执行机构按顺序动作的压力控制阀。顺序阀常与单向阀组合使用，称为单向顺序阀。

（2）顺序阀的工作原理　顺序阀靠调压弹簧压缩量来控制其开启压力的大小。图 3-13 为顺序阀工作原理图，压缩空气进入进气腔作用在阀芯上，若此力小于弹簧的压力，则阀为关闭状态，A 无输出。当作用在阀芯上的力大于弹簧的压力时，阀芯被顶起，阀为开启状态，压缩空气由 P 口流入从 A 口流出，然后输出到气缸或气控换向阀。

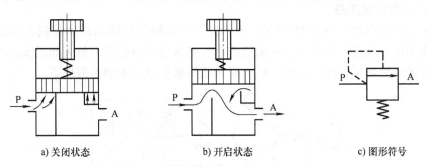

a) 关闭状态　　　　　　　b) 开启状态　　　　　　　c) 图形符号

图 3-13　顺序阀工作原理图

（3）单向顺序阀工作原理　单向顺序阀是由顺序阀与单向阀并联组合而成的。它依靠气路中压力的作用来控制执行元件的顺序动作。

其工作原理如图 3-14 所示，当压缩空气进入工作腔 4 后，作用在阀芯 3 上的力大于弹簧 2 的压力时，将阀芯 3 顶起，压缩空气从 P 口经工作腔 4、工作腔 6 到 A 口，然后输出到气缸或气控换向阀。

当切换气源，压缩空气从 A 流向 P 时，顺序阀关闭，此时工作腔 6 内的压力高于工作腔 4 内压力，在压差作用下，打开单向阀 5，反向的压缩空气排出，如图 3-14c 所示。

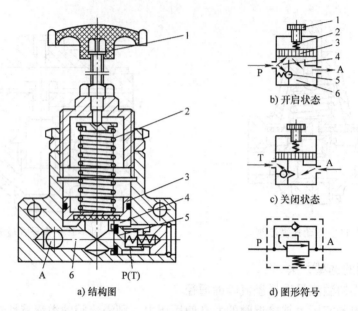

图 3-14　单向顺序阀工作原理图
1—调节手轮　2—弹簧　3—阀芯　4、6—工作腔　5—单向阀

3.3.3　压力控制回路的应用

压力控制回路是对系统压力进行调节和控制的回路。

在气动控制系统中，进行压力控制主要有两种：第一是控制一次压力，提高气动系统工作的安全性；第二是控制二次压力，给气动装置提供稳定的工作压力，这样才能充分发挥元件的功能和性能。

1. 一次压力控制回路

一次压力控制回路如图 3-15 所示，用于把空气压缩机的输出压力控制在一定压力范围内。若系统中压力过盛，则除了会增加压缩空气输送过程中的压力损失和泄漏以外，还会使管道或元件破裂而发生危险。因此，压力应始终控制在系统的额定值以下。

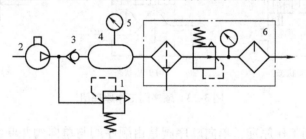

图 3-15　一次压力控制回路
1—溢流阀　2—空气压缩机　3—单向阀　4—气罐　5—压力计　6—油雾器

2. 二次压力控制回路

二次压力控制回路如图 3-16 所示，其作用是对气动装置的气源入口处压力进行调节，提供稳定的工作压力。该回路一般由空气过滤器、减压阀和油雾器组成，通常称为气动调节装置（气动三联件）。

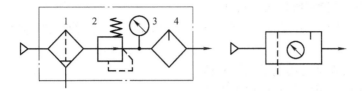

图 3-16 二次压力控制回路
1—空气过滤器 2—减压阀 3—压力表 4—油雾器

其中，空气过滤器除去压缩空气中的灰尘、水分等杂质；减压阀调节压力并使其稳定；油雾器使清洁的润滑油雾化后注入空气流中，对需要润滑的气动部件进行润滑。

3. 高低压转换回路

高低压转换回路如图 3-17 所示，其主要用以满足某些气动设备时而需要高压时而需要低压的需要。该回路用两个溢流减压阀 1 和 2 调出两种不同的压力 p_1 和 p_2，再利用二位三通换向阀 3 实现高、低压转换。

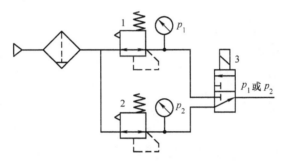

图 3-17 高低压转换回路
1、2—溢流减压阀 3—二位三通换向阀

3.4 学习任务应知考核

1. 填空题

1）压力控制阀按其控制功能可分为_____、_____、_____等。

2）减压阀按控制方式可分为_____和先导式，其中先导式又分为_____和_____两种。

3）顺序阀的作用是依靠气路中_____来控制执行元件的顺序动作。顺序阀常与_____并联结合成一体，称为单向顺序阀。

4）气动回路的调速方法主要是节流调速，活塞的运动速度控制可采用_____和_____。

2. 选择题

主控阀的换向受三个串联机控三通阀的控制，只有三个机控三通阀都接通时，主控阀才能换向。这种回路称为_____。

A. 双手操作回路   B. 互锁回路   C. 过载保护回路   D. 延时回路

3. 画出下列气动控制阀的图形符号

1）先导型减压阀；2）单向顺序阀；3）单向节流阀；4）快速排气阀；5）双压阀。

4. 问答题

1）简述气液转换器的用途及工作原理。

2）过载保护回路是如何起保护作用的？

3）双手操作回路为什么能起保护的作用？

任务 4　气动系统流量控制回路的安装与调试

4.1　学习任务要求

4.1.1　知识目标

1. 了解流量控制阀的基础原理。
2. 掌握速度控制回路的特点和应用。

4.1.2　素质目标

1. 遵守现场操作的职业规范，具备安全、整洁、规范实施工作任务的能力。
2. 具有良好的职业道德、职业责任感和不断学习的精神。
3. 具有不断开拓创新的意识。
4. 以积极的态度对待训练任务，具有团队交流和协作能力。

4.1.3　能力目标

1. 能明确任务，正确选用各种流量控制阀。
2. 能按照工艺文件和装配原则，通过小组讨论，写出安装调试简单流量控制回路的步骤。
3. 能正确选择气动系统的拆装工具、调试工具、维修工具和量具等，并按规定领用。
4. 能按照要求，合理布局气动元件，并根据图样搭建回路。
5. 能对搭建好的气动系统流量控制回路进行调试及排除故障，恢复其工作要求。
6. 能严格遵守起吊、搬运、用电、消防等安全操作规程要求。
7. 能按照企业工作制度请操作人员验收，交付使用，并填写调试记录。
8. 能按 6S 管理要求，整理场地，归置物品，并按照环保规定处置废弃物。
9. 能写出完成此项任务的工作小结。

4.2　工作页

4.2.1　工作任务情景描述

如图 4-1 所示，一个气缸将从下方传送装置送来的零件抬升到上方的传送装置，用于进一步加工。气缸活塞杆的伸出要求利用一个按钮来控制，活塞的缩回则要求在其伸出到位后自动实现。为避免活塞运动速度过高产生的冲击对零件和设备造成机械损害，要求气缸活塞运动速度可以调节。

4.2.2　工作流程与活动

小组成员在接到任务后，查阅零件抬升装置相关技术

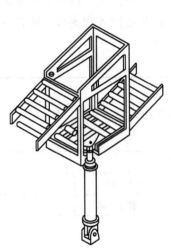

图 4-1　零件抬升装置

参数的资料，进行任务分工安排，制订工作流程和步骤，做好准备工作；在工作过程中，通过对零件抬升装置动作气动系统的设计、安装、调试及不断优化，搭建好零件抬升装置的气动系统。安装调试完成后，请操作人员验收，合格后交付使用，并填写调试记录。最后，撰写工作小结，小组成员进行经验交流。在工作过程中严格遵守起吊、搬运、用电、消防等安全操作规程，按照现场管理规范清理场地、归置物品，并按照环保规定处置废弃物。

学习活动 1　接受工作任务、制订工作计划
学习活动 2　零件抬升装置动作气动系统流量控制回路的安装与调试
学习活动 3　任务验收、交付使用
学习活动 4　工作总结与评价

学习活动 1　接受工作任务、制订工作计划

学 习 目 标

1. 能识读生产派工单，接受零件抬升装置动作气动系统流量控制回路的安装、调试工作任务，明确任务要求。

2. 能查阅资料，了解零件抬升装置动作气动系统流量控制回路的组成、结构等相关知识。

3. 查阅相关技术资料，了解零件抬升装置动作气动系统流量控制回路的主要工作内容。

4. 能正确选择零件抬升装置动作气动系统流量控制回路的拆装、调试所用的工具、量具等，并按规定领用。

5. 能制订零件抬升装置动作气动系统流量控制回路安装、调试工作计划。

学 习 过 程

仔细阅读下面的生产派工单，按照生产派工单提供的基本信息，查阅相关资料，明确工作任务的内容和要求。随着学习活动的展开，逐项填写生产派工单中的空白项目，完成学习任务。

生产派工单

单号：　　　　　　　开单部门：　　　　　　　　开单人：

开单时间：　　年　月　日　时　分　　接单人：　　部　　小组

（签名）

以下由开单人填写			
产品名称		完成工时	工时
产品技术要求			

（续）

以下由接单人和确认方填写			
领取材料 （含消耗品）		成本核算	金额合计： 仓管员（签名） 年　月　日
领用工具			
操作者检测			（签名） 年　月　日
班组检测			（签名） 年　月　日
质检员检测			（签名） 年　月　日
生产数量 统计	合格		
	不良		
	返修		
	报废		

统计：　　　　　　审核：　　　　　　批准：

根据任务要求，对现有小组成员进行合理分工，并填写分工表。

序号	组员姓名	组员任务分工	备注

查阅资料，小组讨论并制订零件抬升装置动作气动系统的安装调试的工作计划。

序号	工作内容	完成时间	工作要求	备注
1	接受生产派工单		认真识读生产派工单，了解任务要求	
2				
3				
4				
5				
6				
7				
8				
9				
10				

 评 价 与 分 析

活动过程评价自评表

班级			姓名		学号		日期	年 月 日		
评价指标	评价要素					权重（%）	等级评定			
							A	B	C	D
信息检索	能有效利用网络资源、工作手册等查找有效信息					5				
	能用自己的语言有条理地解释、表述所学知识					5				
	能对查找到的信息有效转换到工作中					5				
感知工作	是否熟悉工作岗位，认同工作价值					5				
	是否在工作中获得满足感					5				
参与状态	教师、同学之间是否相互尊重、理解、平等					5				
	教师、同学之间是否保持多向、丰富、适宜的信息交流					5				
	探究学习，自主学习能不流于形式，能处理好合作学习和独立思考的关系，做到有效学习					5				
	能提出有意义的问题或能发表个人见解；能按要求正确操作；能够倾听、协作分享					5				
	积极参与，在产品加工过程中不断学习，能提高综合运用信息技术的能力					5				
学习方法	工作计划、操作技能是否符合规范要求					5				
	是否获得进一步发展的能力					5				
工作过程	遵守管理规程，操作过程符合现场管理要求					5				
	平时上课能按时出勤，每天能及时完成工作任务					5				
	善于多角度思考问题，能主动发现、提出有价值的问题					5				

（续）

班级			姓名		学号		日期	年　月　日		

评价 指标	评价要素	权重 （%）	等级评定			
			A	B	C	D
思维状态	能发现问题、提出问题、分析问题、解决问题、创新问题	5				
自评 反馈	能按时按质完成工作任务	5				
	能较好地掌握专业知识点	5				
	具有较强的信息分析能力和理解能力	5				
	具有较为全面严谨的思维能力并能条理明晰地表述成文	5				
自评等级						
有益的经 验和做法						
总结反思 建议						

等级评定：A：好　　B：较好　　C：一般　　D：有待提高

学习活动过程评价表

班级		姓名		学号		日期		年　月　日	

评价内容（满分100分）		学生自评/分	同学互评/分	教师评价/分	总评/分
专业技能 （60分）	工作页完成进度（30分）				A（86～100）
	对理论知识的掌握程度（10分）				B（76～85）
	理论知识的应用能力（10分）				C（60～75）
	改进能力（10分）				D（60以下）
综合素养 （40分）	遵守现场操作的职业规范（10分）				
	信息获取的途径（10分）				
	按时完成学习和工作任务（10分）				
	团队合作精神（10分）				
总分					
综合得分 （学生自评10%、同学互评10%、教师评价80%）					
小结建议					

现场测试考核评价表

班级		姓名		学号		日期		年　月　日
序号		评价要点			配分/分	得分/分		总评/分
1		能正确识读并填写生产派工单，明确工作任务			10			
2		能查阅资料，熟悉气动系统的组成和结构			10			A（86～100）
3		能根据工作要求，对小组成员进行合理分工			10			
4		能列出气动系统安装和调试所需的工具、量具清单			10			B（76～85）
5		能制订零件抬升装置动作气动系统的工作计划			20			C（60～75）
6		能遵守劳动纪律，以积极的态度接受工作任务			10			D（60 以下）
7		能积极参与小组讨论，团队间能相互合作			20			
8		能及时完成老师布置的任务			10			
		总分			100			
小结建议								

学习活动 2　零件抬升装置动作气动系统流量控制回路的安装与调试

1. 能根据已学知识画出零件抬升装置动作气动系统流量控制回路中控制元件的图形符号并写出其用途。

2. 能够根据任务要求，完成零件抬升装置动作气动系统流量控制回路的设计和调试。

3. 能够在搭建和调试回路中发现问题，提出问题产生的原因和排除方法。

4. 能够参照有关书籍及上网查阅相关资料。

我们已经学习了气动系统流量控制阀的基本原理及流量控制回路的类型和应用，请结合所学的知识完成以下任务。

1. 画气动元件符号

根据阀的名称，画出下表对应的气动元件符号。

序号	名称	结构	实物	符号
1	普通单向阀	A ← → P		

（续）

序号	名称	结构	实物	符号
2	先导单向阀			
3	节流阀			
4	单向节流阀			
5	排气节流阀			

2. 了解气动单向阀的结构和功能

① 查阅资料，根据图 4-2 描述单向阀的工作原理及功能。

_____

_____

_____

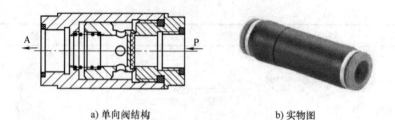

a) 单向阀结构   b) 实物图

图 4-2   单向阀

② 查阅资料，描述图 4-3 所示单向阀的作用。

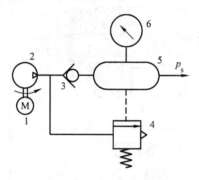

图 4-3   单向阀在一次压力控制应用回路
1—电动机 2—空气压缩机 3—单向阀 4—溢流阀 5—气罐 6—电触点压力表

_____

_____

_____

3. 了解节流阀的结构和功能

1）查阅资料，根据图 4-4 描述节流阀的工作原理及功能。

_____

_____

_____

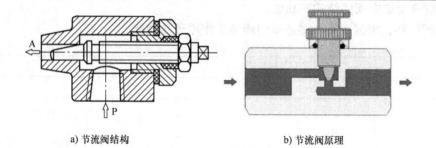

a) 节流阀结构   b) 节流阀原理

图 4-4   节流阀

2）查阅资料，根据图 4-5 描述回路图中节流阀的作用。

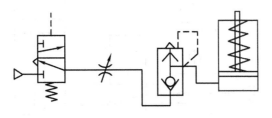

图 4-5　回路图

_____

_____

_____

_____

4. 了解单向节流阀的结构和功能

1）查阅资料，根据图 4-6 描述气动单向节流阀的工作原理及功能。

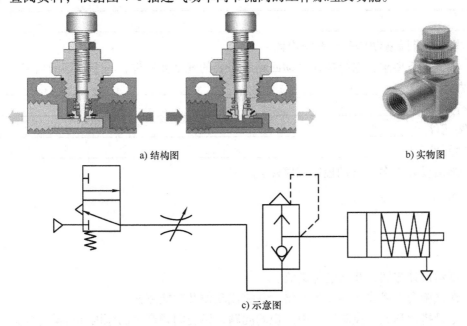

a) 结构图　　　　　　　　　　　　　b) 实物图

c) 示意图

图 4-6　单向节流阀

_____

_____

_____

2）查阅资料，根据图 4-7 描述回路中排气节流阀的作用。

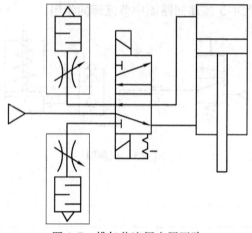

图 4-7　排气节流阀应用回路

_____
_____
_____
_____
_____
_____

5. 零件抬升装置动作气动系统设计

1）根据任务要求，选择搭建气动回路所需要的气动元器件，写下确切的名字。

动力元件_____

执行元件_____

控制元件_____

辅助元件_____

2）画出设计方案（气动控制回路图）。

3）展示设计方案，并与老师交流。

4）在试验台上搭建气动控制回路，并完成动作及功能测试。

5）记录搭建和调试控制回路中出现的问题，说明问题产生的原因和排除方法。

问题 1：_____

原因：_____

_____

排除方法：_____

_____

问题 2：_____

原因：_____

排除方法：_____

　　　　　　　　　　　　　　　　　　　　　　　　教师签名：

最后请您将自己的解决方案与其他同学的相比较，讨论出最佳的设计方案。

活动过程评价自评表

班级		姓名		学号		日期	年　月　日		
评价 指标	评价要素				权重 (%)	等级评定			
						A	B	C	D
信息 检索	能有效利用网络资源、工作手册查找有效信息				5				
	能用自己的语言有条理地解释、表述所学知识				5				
	能将查找到的信息有效转换到工作中				5				
感知 工作	是否熟悉工作岗位，认同工作价值				5				
	是否在工作中获得满足感				5				
参与 状态	教师、同学之间是否相互尊重、理解、平等				5				
	教师、同学之间是否保持多向、丰富、适宜的信息交流				5				
	探究学习，自主学习能不流于形式，能处理好合作学习和独立思考的 关系，做到有效学习				5				
	能提出有意义的问题或能发表个人见解；能按要求正确操作；能够倾 听、协作分享				5				
	积极参与，在产品加工过程中不断学习，能提高综合运用信息技术的 能力				5				
学习 方法	工作计划、操作技能是否符合规范要求				5				
	是否获得进一步发展的能力				5				
工作 过程	遵守管理规程，操作过程符合现场管理要求				5				
	平时上课能按时出勤，每天能及时完成工作任务				5				
	善于多角度思考问题，能主动发现、提出有价值的问题				5				
思维状态	能发现问题、提出问题、分析问题、解决问题、创新问题				5				
自评 反馈	能按时按质完成工作任务				5				
	能较好地掌握专业知识点				5				
	具有较强的信息分析能力和理解能力				5				
	具有较为全面严谨的思维能力并能条理明晰地表述成文				5				
自评等级									
有益的经 验和做法									
总结反思 建议									

等级评定：A：好　　B：较好　　C：一般　　D：有待提高

学习活动过程评价表

班级		姓名		学号		日期		年 月 日	
评价内容（满分100分）					学生自评/分	同学互评/分	教师评价/分	总评/分	
专业技能（60分）	工作页完成进度（30分）							A（86～100）B（76～85）C（60～75）D（60以下）	
	对理论知识的掌握程度（10分）								
	理论知识的应用能力（10分）								
	改进能力（10分）								
综合素养（40分）	遵守现场操作的职业规范（10分）								
	信息获取的途径（10分）								
	按时完成学习和工作任务（10分）								
	团队合作精神（10分）								
总分									
综合得分（学生自评10%、同学互评10%、教师评价80%）									
小结建议									

现场测试考核评价表

班级		姓名		学号		日期		年 月 日
序号	评价要点				配分/分	得分/分	总评	
1	能明确工作任务				10		A（86～100）B（76～85）C（60～75）D（60以下）	
2	能画出规范的气动符号				10			
3	能设计出正确的气动原理图				20			
4	能正确找到气动原理图上的元器件				10			
5	能根据原理图搭建回路				20			
6	能按正确的操作规程进行安装调试				10			
7	能积极参与小组讨论，团队间相互合作				10			
8	能及时完成老师布置的任务				10			
总分					100			
小结建议								

学习活动 3　任务验收、交付使用

学习目标

1. 能完成设备调试验收单的填写，明确验收要求。
2. 能按照企业工作制度请操作人员验收，交付使用。
3. 能按照企业 6S 要求进行现场整理。

学习过程

根据任务要求，熟悉调试验收单格式，并完成验收单的填写工作。

设备调试验收单	
调试项目	零件抬升装置动作气动系统的安装调试
调试单位	
调试时间节点	
验收日期	
验收项目及要求	
验收人	

查阅相关资料，分别写出空载试机和负载试机的调试要求。

气动系统调试记录单	
调试步骤	调试要求
空载试机	
负载试机	

验收结束后，按照企业 6S 管理要求，整理现场，并完成下列表格的填写。

序号	名称	自我评价	做得较好的方面	做得不满意的方面	改进措施
1	整理				
2	整顿				
3	清扫				
4	清洁				
5	素养				
6	安全				

 评 价 与 分 析

活动过程评价自评表

班级		姓名		学号		日期	年 月 日		
评价指标	评价要素					权重（%）	等级评定		
							A	B	C	D

评价指标	评价要素	权重（%）	A	B	C	D
信息检索	能有效利用网络资源、工作手册查找有效信息	5				
	能用自己的语言有条理地解释、表述所学知识	5				
	能将查找到的信息有效转换到工作中	5				
感知工作	是否熟悉工作岗位，认同工作价值	5				
	是否在工作中获得满足感	5				
参与状态	教师、同学之间是否相互尊重、理解、平等	5				
	教师、同学之间是否保持多向、丰富、适宜的信息交流	5				
	探究学习，自主学习不流于形式，处理好合作学习和独立思考的关系，做到有效学习	5				
	能提出有意义的问题或能发表个人见解；能按要求正确操作；能够倾听、协作分享	5				
	积极参与，在产品加工过程中不断学习，能提高综合运用信息技术的能力	5				
学习方法	工作计划、操作技能是否符合规范要求	5				
	是否获得进一步发展的能力	5				
工作过程	遵守管理规程，操作过程要符合现场管理要求	5				
	平时上课能按时出勤，每天能及时完成工作任务	5				
	善于多角度思考问题，能主动发现、提出有价值的问题	5				
思维状态	能发现问题、提出问题、分析问题、解决问题、创新问题	5				
自评反馈	能按时按质完成工作任务	5				
	能较好地掌握专业知识点	5				
	具有较强的信息分析能力和理解能力	5				
	具有较为全面严谨的思维能力并能条理明晰地表述成文	5				
自评等级						
有益的经验和做法						
总结反思建议						

等级评定：A：好　　B：较好　　C：一般　　D：有待提高

学习活动过程评价表

班级		姓名		学号		日期	年 月 日	
评价内容（满分100分）				学生自评 /分	同学互评 /分	教师评价 /分	总评	
专业技能 （60分）	工作页完成进度（30分）						A（86~100） B（76~85） C（60~75） D（60以下）	
	对理论知识的掌握程度（10分）							
	理论知识的应用能力（10分）							
	改进能力（10分）							
综合素养 （40分）	遵守现场操作的职业规范（10分）							
	信息获取的途径（10分）							
	按时完成学习和工作任务（10分）							
	团队合作精神（10分）							
总分								
综合得分 （学生自评10%、同学互评10%、教师评价80%）								
小结建议								

现场测试考核评价表

班级		姓名		学号		日期	年 月 日	
序号	评价要点			配分/分	得分/分	总评/分		
1	能正确填写设备调试验收单			15				
2	能说出项目验收的要求			15				
3	能对安装的气动元件进行性能测试			15				
4	能对气动系统进行调试			15		A（86~100） B（76~85） C（60~75） D（60以下）		
5	能按企业工作制度请操作人员验收，并交付使用			10				
6	能按照6S管理要求清理场地			10				
7	能遵守劳动纪律，以积极的态度接受工作任务			5				
8	能积极参与小组讨论，团队间相互合作			10				
9	能及时完成老师布置的任务			5				
总分				100				
小结建议								

学习活动 4 工作总结与评价

学 习 目 标

1. 能按分组情况，分别派代表展示工作成果，说明本次任务的完成情况，并作分析总结。

2. 能结合自身任务完成情况，正确规范地撰写工作总结（心得体会）。

3. 能就本次任务中出现的问题，提出改进措施。

4. 能对学习与工作进行反思总结，并能与他人开展良好合作，进行有效的沟通。

学 习 过 程

1. 展示评价（个人、小组评价）

每个人先在组里进行经验交流与成果展示，再由小组推荐代表作必要的介绍。在交流的过程中，以组为单位进行评价；评价完成后，根据其他组成员对本组设备安装调试的评价意见进行归纳总结并完成如下项目：

（1）交流的结论是否符合生产实际？

符合□   基本符合□   不符合□

（2）与其他组相比，本小组设计的安装调试工艺如何？

工艺优异□   工艺合理□   工艺一般□

（3）本小组介绍经验时表达是否清晰？

很好□   一般，常补充□   不清楚□

（4）本小组演示时，安装调试是否符合操作规程？

符合□   部分符合□   不符合□

（5）本小组演示操作时遵循了 6S 的工作要求吗？

符合工作要求□   忽略了部分要求□   完全没有遵循□

（6）本小组的成员团队创新精神如何？

良好□   一般□   不足□

2. 自评总结（心得体会）

_____

_____

_____

_____

_____

3. 教师评价

（1）找出各组的优点进行点评。

（2）对展示过程中各组的缺点进行点评，提出改进方法。

（3）对整个任务完成中出现的亮点和不足进行点评。

总体评价表

项目	学生自评/分			同学互评/分			教师评价/分		
	10~9	8~6	5~1	10~9	8~6	5~1	10~9	8~6	5~1
	占总评10%			占总评30%			占总评60%		
学习活动1									
学习活动2									
学习活动3									
学习活动4									
协作精神									
纪律观念									
表达能力									
工作态度									
安全意识									
任务总体表现									
小计									
总评									

4.3　信息采集

4.3.1　流量控制阀

在气动系统中，通常需要对压缩空气的流量进行控制，如控制气缸的运动速度、延长阀的延时时间等。对流过管道（或元件）的流量进行控制，只需改变管道的截面积就可以了。

实现流量控制的方法有两种：一种是固定的局部阻力装置，如毛细管、孔板等；另一种是可调节的局部阻力装置，如节流阀。流量控制阀是通过改变阀的流通截面积来实现流量控制的元件。流量控制阀包括普通节流阀、单向节流阀、排气节流阀等。

1. 普通节流阀

节流阀是依靠改变阀的流通截面积来调节流量的。要求节流阀流量的调节范围较宽，能进行微小流量调节，调节精确，性能稳定，阀芯开度与通过的流量成正比。阀体上有一个调整螺钉，可以调整节流阀的开口度（无级调节），并可保持其开口度不变，此类阀称为可调开口节流阀。流通截面固定的节流阀，称为固定开口节流阀。可调开口节流阀常用于调节气缸活塞运动速度，若有可能，应直接安装在气缸上，这种节流阀有双向节流作用。使用节流阀时，节流面积不宜太小，否则因空气中的冷凝水、尘埃等塞满阻流口通路而引起节流量的变化。节流阀结构如图4-8所示。

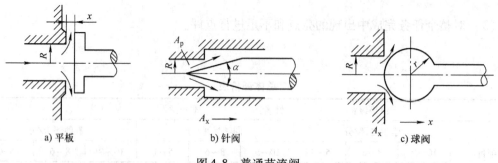

图 4-8　普通节流阀

2. 单向节流阀

单向节流阀由单向阀和节流阀组合而成，常用于控制气缸的运动速度，也称为速度控制阀。

图 4-9 所示为单向节流阀，是由单向阀和节流阀组合而成的流量控制阀，常用作气缸的速度控制，又称为速度控制阀。这种阀仅对一个方向的气流进行节流控制，旁路的单向阀关闭；在相反方向上气流可以通过开启的单向阀自由流过（满流）。可调开口节流阀开口度可无级调节，并可保持其开口度不变。

评价一台单向节流阀性能的指标如下：

1）调节的准确性及精密程度（特性曲线）。

2）节流口全开时在节流方向上具有全流量的通流能力。

3）在单向阀的导通方向上具有全流量的通流能力阀的线性度及调节性能由节流阀的结构形式来决定。

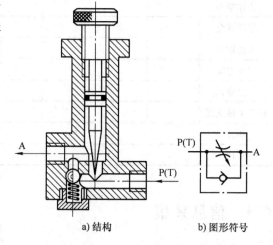

图 4-9　单向节流阀

3. 排气节流阀

排气节流阀安装在系统的排气口处限制气流的流量，一般情况下还具有减小排气噪声的作用，所以常称为排气消声节流阀。图 4-10 所示为排气节流阀的结构原理。节流口的排气经过由消声材料制成的消声套，在节流的同时减少排气噪声，排出的气体一般会进入大气。

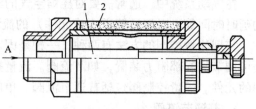

图 4-10　排气节流阀
1—节流阀　2—消声套

4.3.2　节流阀的选用

流量控制阀选用时应考虑以下几点：

1）根据气动装置或气动执行元件的进气口、排气口通径来选择。

2）根据流量调节范围及使用条件来选用。用流量控制的方法控制气缸的速度，由于受空气的压缩性及运动阻力的影响，一般气缸的运动速度不得低于 30mm/s（除低速气缸）。

3）彻底防止管路中的气体泄漏，包括各元件接管处的泄漏，如接管螺纹密封不严、软管弯曲半径过小、元件的质量欠佳等因素都会引起泄漏。

4）要注意减小气缸的摩擦力，以保持气缸运动平稳。为此，应选用高质量的气缸，使用中要保持良好的润滑状态。要注意正确、合理地安装气缸，尽量减小活塞杆上承受的径向力，超长行程的气缸应安装导向支架。

5）气缸速度控制有进气节流和排气节流两种，但多采用后者。用排气节流的方法比进气节流更稳定、可靠。

6）加在气缸活塞杆上的载荷必须稳定。若载荷在行程中途有变化或变化不定，其速度控制相当困难甚至不可能控制。在不能消除载荷变化的情况下，必须借助液压传动，如气 - 液阻尼缸、气 - 液转换器等，以达到运动平稳、无冲击。

4.3.3　流量控制回路的应用

控制气缸速度包括调速与稳速两部分。调速的一般方法是改变气缸进、排气管路的阻力。因此，利用调速阀等流量控制阀来改变进、排气管路的有效截面积，即可实现调速控制。气缸的稳速控制通常是采用气 - 液转换的方法，克服气体可压缩的缺点，利用液体的特性来稳定速度。

与液压传动相比，气压传动有很高的运动速度，这在某种意义上讲，是一大优点。但在许多场合，如切削加工和精确定位，不需要执行机构高速运动。这就需要通过控制元件进行速度控制。由于目前气动系统中，所使用的功率都不太大，因而调速方法大多采用节流调速。

1. 单作用气缸的速度控制回路

图 4-11 所示为利用单向节流阀控制单作用气缸活塞速度的控制回路。单作用气缸前进速度的控制只能用入口节流方式，如图 4-11a 所示。单作用气缸后退速度的控制只能用出口节流方式，如图 4-11b 所示。如果单作用气缸前进及后退速度都需要控制，则可以同时采用两个节流阀控制，回路如图 4-11c 所示。活塞前进时由节流阀 1V1 控制速度，活塞后退时由节流阀 1V2 控制速度。

在图 4-12 中，气缸上升时可调速，下降时则通过快速排气阀排气，使气缸快速返回。

2. 双作用气缸速度控制回路

为控制气缸的速度，回路要进行流量控制，在气缸的进气侧进行流量控制时称为进气节流，在气缸的排气侧进行流量控制时称为排气节流。在进气节流时，气缸排气腔压力很快降至大气压，而进气腔压力的升高比排气腔压力的降低缓慢。当进气腔压力产生的合力大于活塞静摩擦力时，活塞开始运动。由于动摩擦力小于静摩擦力，所以活塞运动速度较快，由此进气腔急剧增大，而由于进气节流限制了供气速度，使得进气腔压力降低，从而容易造成气缸的"爬行"现象。一般来说，进气节流多用于垂直安装的气缸支撑腔的控制回路。

在排气节流时，排气腔内可以建立与负载相适应的背压，在负载保持不变或微小变动的条件下，运动比较平稳，调节节流阀的开度即可调节气缸往复运动速度。从节流阀的开度和速度的比例性、初始加速度、缓冲能力等特性来看，双作用气缸一般采用排气节流控制。但是，对于单作用气缸和气马达等，根据使用目的和条件，也采用进气节流控制。这种方法比

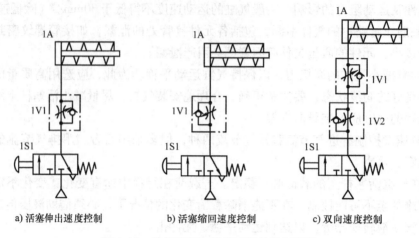

a) 活塞伸出速度控制　　　　b) 活塞缩回速度控制　　　　c) 双向速度控制

图 4-11　单作用气缸活塞速度的控制回路

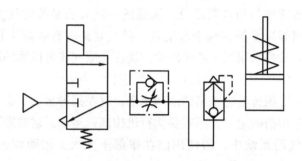

图 4-12　使用快速排气阀的单作用气缸速度控制回路

较简单, 也较常用。但是要注意所选用的二位五通换向阀是否允许后接排气节流阀, 以免引起动作失常。

　　图 4-13 所示的双作用气缸的基本速度控制回路, 在回路 (1 种类型) 中, 在二位五通电磁换向阀 5 和气缸 4 配管中间使用了单向节流阀 6-1, 并设置成排气节流回路, 通过对气缸排气侧的空气流量进行节流来调整气缸速度。设计这种回路时速度控制阀尽量靠近气缸安装, 以使气缸速度稳定。

　　在回路 (2 种类型) 中, 二位五通电磁换向阀 5 的排气阀口处安装节流阀 8 来调整气缸速度。由于电磁阀和气缸间的配管内径及长度的影响, 排气量比 1 种类型的气缸排气量要多, 这会成为速度不稳定的原因。但节流阀和消声器制成一体后, 使用带消声器的可调节流阀较方便。

　　在回路 (3 种类型) 中, 单向节流阀 6-2 装在进气节流回路中, 因气缸排气侧气压快速排出, 气缸供气侧空气流量因被节流来不及供给会发生滞后现象, 所以当气缸速度的控制靠负荷自重落下则不能使用进气节流回路。仅用于排气侧的允许压力是大气压时速度控制。

　　在气缸行程中间安装减速位置传感器, 由位置传感器发出这个信号对减速回路的电磁阀进行切换, 从而对气缸进行高速、低速控制。在图 4-14 中, 气缸和二位五通电磁阀的配管之间设置分歧管。设置二位二通电磁阀, 并串联设置节流阀和 (或) 单向节流阀。该回路中两条连接气缸的回路的不同在于集中排气还是单独排气。从配管的工时和成本来考虑, 采

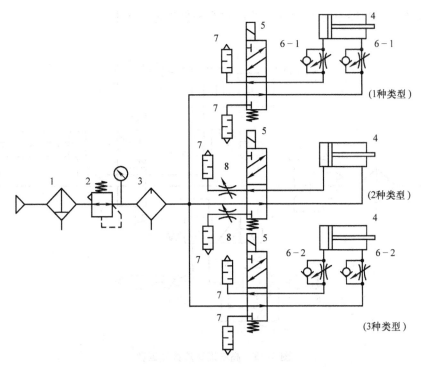

图 4-13 双作用气缸的基本速度控制回路
1—分水滤气器 2—调压阀 3—油雾器 4—气缸 5—二位五通电磁换向阀
6—单向节流阀 7—消声器 8—节流阀

用集中排气方式配管较为容易。

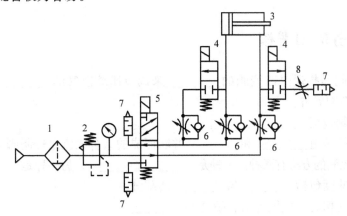

图 4-14 带有分歧管路的减速控制回路
1—分水滤气器 2—调压阀 3—气缸 4—二位二通电磁换向阀
5—二位五通电磁换向阀 6—单向节流阀 7—消声器 8—节流阀

在图 4-15 中，气缸 3 和二位五通电磁换向阀 5 的配管中间什么也不设置，二位五通电磁换向阀 5 的排气口设置了二位三通电磁换向阀 4，使速度控制分为两个层次。高速时用节流阀 7 - 1 进行控制，低速时使用溢流阀 8，调整活塞背压来控制低速。在溢流阀辅助回路中的节流阀 7 - 2 除了与溢流阀 8 共同进行排气侧流量调整外，还有排除气缸 3 终端的残压功能。该回路与图 4-13 所示回路相比能够进行高精度速度控制。

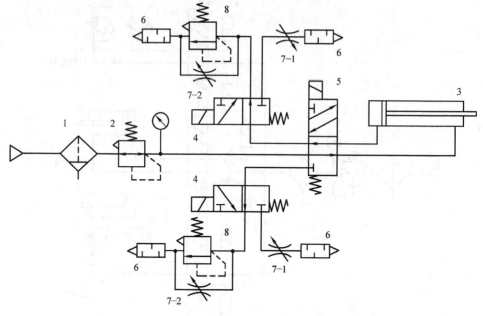

图 4-15　高精度速度控制回路

1—分水滤气器　2—调压阀　3—气缸　4—二位三通电磁换向阀
5—二位五通电磁换向阀　6—消声器　7—节流阀　8—溢流阀

　　考虑装置的安全性，在非正常停止、停电等电源被切断的情况下，换向阀必须能向低速侧进行切换。

4.4　学习任务应知考核

　　1. 流量控制阀是指通过改变阀的_____来调节压缩空气的_____，从而控制气缸运动速度的气动控制元件。

　　2. 流量控制阀包括_____、_____、_____。

　　3. 单向节流阀是由_____和_____并联而成的组合式流量控制阀。

　　4. 实现流量控制的方法有两种：一种是_____，另一种是_____。

　　5. 控制气缸速度包括_____与_____两部分。

　　6. 与液压传动相比，气压传动有很高的_____。

任务 5　气动系统逻辑控制回路的安装与调试

5.1　学习任务要求

5.1.1　知识目标
1. 了解气动系统逻辑控制阀的基础原理。
2. 掌握逻辑控制回路的特点和应用。

5.1.2　素质目标
1. 遵守现场操作的职业规范，具备安全、整洁、规范实施工作任务的能力。
2. 具有良好的职业道德、职业责任感和不断学习的精神。
3. 具有不断开拓创新的意识。
4. 以积极的态度对待训练任务，具有团队交流和协作能力。

5.1.3　能力目标
1. 能明确任务，正确选用各种气动逻辑元件。
2. 能按照工艺文件和装配原则，通过小组讨论，写出安装、调试简单逻辑控制回路的步骤。
3. 能正确选择气动系统的拆装工具、调试工具、维修工具和量具等，并按规定领用。
4. 能按照要求，合理布局气动元件，并根据图样搭建回路。
5. 能对搭建好的气动逻辑控制回路进行调试及排除故障，恢复其工作要求。
6. 能严格遵守起吊、搬运、用电、消防等安全操作规程要求。
7. 能按照企业工作制度请操作人员验收，交付使用，并填写调试记录。
8. 能按 6S 管理要求，整理场地，归置物品，并按照环保规定处置废油液等废弃物。
9. 能写出完成此项任务的工作小结。

5.2　工作页

5.2.1　工作任务情景描述
　　木材剪切机是家具制作厂常用的工具，图 5-1 所示为用一个双作用气缸控制剪刀做剪切运动的木材剪切机。为了保证施工者的安全，避免由于误动作造成人身意外伤害，要求施工者在切断起动过程中必须采用双手操作，即当施工者两手同时按下控制按钮或手柄后，气缸才做剪切动作；当松开任意控制按钮后，气缸做返回动作。本次任务是实现对木材剪切机的逻辑控制。

5.2.2　工作流程与活动
　　小组成员在接到任务后，到现场与操作人员沟通，查阅送料装置相关技术参数资料后，进行任务分工安排，制定工作流程和步骤，做好准备工作；在工作过程中，通过对木材剪切

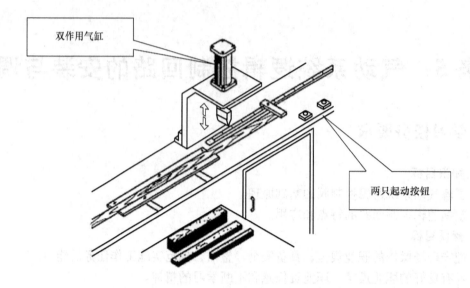

图 5-1　木材剪切机示意图

机动作气动系统的设计、安装、调试及不断优化，搭建好木材剪切机的气动系统。安装、调试完成后，请操作人员验收，合格后交付使用，并填写调试记录。最后，撰写工作小结，小组成员进行经验交流。在工作过程中严格遵守起吊、搬运、用电、消防等安全操作规程，按照现场管理规范清理场地、归置物品，并按照环保规定处置废弃物。

　　学习活动 1　接受工作任务、制订工作计划
　　学习活动 2　木材剪切机动作气动系统的安装与调试
　　学习活动 3　任务验收、交付使用
　　学习活动 4　工作总结与评价

学习活动 1　接受工作任务、制订工作计划

学 习 目 标

　　1. 能识读生产派工单，接受木材剪切机动作气动系统的安装、调试工作任务，明确任务要求。

　　2. 能查阅资料，了解木材剪切机动作气动系统的组成、结构等相关知识。

　　3. 查阅相关技术资料，了解木材剪切机动作气动系统的主要工作内容。

　　4. 能正确选择木材剪切机动作气动系统的拆装、调试所用的工具、量具等，并按规定领用。

　　5. 能制订木材剪切机动作气动系统安装、调试工作计划。

学 习 过 程

　　仔细阅读下面的生产派工单，按照生产派工单提供的基本信息，查阅相关资料，明确工作任务的内容和要求。随着学习活动的展开，逐项填写生产派工单中的空白项目，完成学习

任务。

生产派工单

单　号：　　　　　　开单部门：　　　　　　　开单人：

开单时间：　　年　月　日　时　分　　接单人：　部　　小组

（签名）

以下由开单人填写			
产品名称		完成工时	工时
产品技术要求			

以下由接单人和确认方填写			
领取材料 （含消耗品）		成本核算	金额合计： 仓管员（签名） 年　月　日
领用工具			
操作者检测			（签名） 年　月　日
班组检测			（签名） 年　月　日
质检员检测			（签名） 年　月　日
生产数量统计	合格		
	不良		
	返修		
	报废		

统计：　　　　　审核：　　　　　批准：

根据任务要求，对现有小组成员进行合理分工，并填写分工表。

序号	组员姓名	组员任务分工	备注

查阅资料，小组讨论并制订木材剪切机动作气动系统安装、调试的工作计划。

序号	工作内容	完成时间	工作要求	备注
1	接受生产派工单		认真识读生产派工单，了解任务要求	

评 价 与 分 析

活动过程评价自评表

班级		姓名		学号		日期	年 月 日		
评价指标	评价要素				权重（%）	等级评定			
						A	B	C	D
信息检索	能有效利用网络资源、工作手册查找有效信息				5				
	能用自己的语言有条理地解释、表述所学知识				5				
	能将查找到的信息有效地转换到工作中				5				
感知工作	是否熟悉工作岗位，认同工作价值				5				
	是否在工作中获得满足感				5				
参与状态	教师、同学之间是否相互尊重、理解、平等				5				
	教师、同学之间是否保持多向、丰富、适宜的信息交流				5				
	探究学习，自主学习能不流于形式，能处理好合作学习和独立思考的关系，做到有效学习				5				
	能提出有意义的问题或能发表个人见解；能按要求正确操作；能够倾听、协作分享				5				
	积极参与，在产品加工过程中不断学习，能提高综合运用信息技术的能力				5				
学习方法	工作计划、操作技能是否符合规范要求				5				
	是否获得进一步发展的能力				5				
工作过程	遵守管理规程，操作过程符合现场管理要求				5				
	平时上课能按时出勤，每天能及时完成工作任务				5				
	善于多角度思考问题，能主动发现、提出有价值的问题				5				

（续）

班级			姓名		学号		日期	年 月 日		
评价 指标	评价要素						权重 （%）	等级评定		
								A	B	C	D
思维状态	能发现问题、提出问题、分析问题、解决问题、创新问题						5				
自评 反馈	能按时按质完成工作任务						5				
	能较好地掌握专业知识点						5				
	具有较强的信息分析能力和理解能力						5				
	具有较为全面严谨的思维能力并能条理明晰地表述成文						5				
自评等级											
有益的经 验和做法											
总结反思 建议											

等级评定：A：好　　　B：较好　　　C：一般　　　D：有待提高

学习活动过程评价表

班级		姓名		学号		日期	年 月 日	
评价内容（满分100分）			学生自评/分	同学互评/分	教师评价/分	总评/分		
专业技能 （60分）	工作页完成进度（30分）					A（86~100） B（76~85） C（60~75） D（60以下）		
	对理论知识的掌握程度（10分）							
	理论知识的应用能力（10分）							
	改进能力（10分）							
综合素养 （40分）	遵守现场操作的职业规范（10分）							
	信息获取的途径（10分）							
	按时完成学习和工作任务（10分）							
	团队合作精神（10分）							
总分								
综合得分 （学生自评10%、同学互评10%、教师评价80%）								
小结建议								

现场测试考核评价表

班级		姓名		学号		日期		年　月　日
序号		评价要点			配分/分	得分/分		总评/分
1		能正确识读并填写生产派工单，明确工作任务			10			
2		能查阅资料，熟悉气动系统的组成和结构			10			
3		能根据工作要求，对小组成员进行合理分工			10			A（86～100）
4		能列出气动系统安装和调试所需的工具、量具清单			10			B（76～85）
5		能制订木材剪切机动作气动系统工作计划			20			C（60～75）
6		能遵守劳动纪律，以积极的态度接受工作任务			10			D（60 以下）
7		能积极参与小组讨论，团队间相互合作			20			
8		能及时完成老师布置的任务			10			
		总分			100			
小结建议								

学习活动 2　　木材剪切机动作气动系统的安装与调试

学 习 目 标

1. 能根据已学知识画出木材剪切机动作气动系统中控制元件的图形符号并写出其用途。
2. 能够根据任务要求，完成木材剪切机动作气动系统的设计和调试。
3. 能在搭建和调试回路中发现问题，提出问题产生的原因和排除方法。
4. 能参照有关书籍及上网查阅相关资料。

学 习 过 程

我们已经学习了气动逻辑控制元件的基本原理及逻辑控制回路的类型和应用，请您结合所学的知识完成以下任务。

1. 画气动元件符号

根据阀的名称，画出下表对应的气动元件符号。

序号	名称	结构	实物	符号
1	梭阀			

（续）

序号	名称	结构	实物	符号
2	双压阀			
3	快速排气阀			

2. 了解梭阀的结构和功能

1）查阅资料，根据图 5-2 描述梭阀的工作原理及功能。

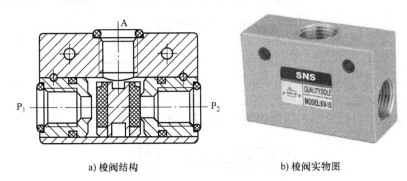

a) 梭阀结构　　　　　　　　b) 梭阀实物图

图 5-2 　梭阀

2）查阅资料，根据图 5-3 描述回路图中梭阀的作用。

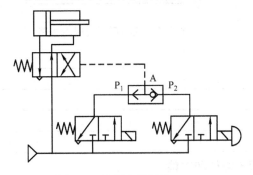

图 5-3 　梭阀应用回路

3. 认识气动双压阀的结构和功能

1）查阅资料，根据图5-4描述气动双压阀的工作原理及功能。

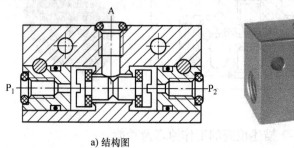 

a) 结构图　　　　　　　　　　b) 实物图

图5-4　气动双压阀

2）查阅资料，根据图5-5描述回路中气动双压阀的作用。

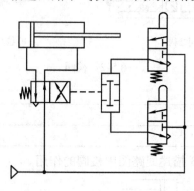

图5-5　气动双压阀应用回路

4. 了解快速排气阀的结构和功能

查阅资料，根据图5-6描述气动快速排气阀的工作原理及功能。

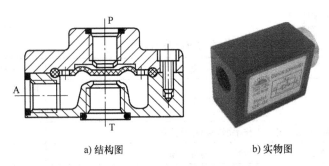

a) 结构图　　　　　　b) 实物图

图 5-6　快速排气阀

_____
_____
_____

5. 木材剪切机动作气动系统设计

1) 根据任务要求，选择搭建气动回路所需要的气动元器件，写下确切的名字。

动力元件_____

执行元件_____

控制元件_____

辅助元件_____

2) 画出设计方案（气动控制回路图）。

3) 展示设计方案，并与老师交流。

4) 在试验台上搭建气动控制回路，并完成动作及功能测试。

5) 记录搭建和调试控制回路中出现的问题，说明问题产生的原因和排除方法。

问题 1：_____

原因：_____

_____

排除方法：_____

_____

问题 2：_____

原因：_____

_____

排除方法：_____

_____

　　　　　　　　　　　　　　　　　　　　　　教师签名：

最后请您将自己的解决方案与其他同学的相比较，讨论出最佳的设计方案。

 评 价 与 分 析

活动过程评价自评表

班级		姓名		学号		日期	年　月　日		
评价 指标	评价要素				权重 （%）	等级评定			
						A	B	C	D
信息 检索	能有效利用网络资源、工作手册查找有效信息				5				
	能用自己的语言有条理地解释、表述所学知识				5				
	能将查找到的信息有效转换到工作中				5				
感知 工作	是否熟悉工作岗位，认同工作价值				5				
	是否在工作中获得满足感				5				
参与 状态	教师、同学之间是否相互尊重、理解、平等				5				
	教师、同学之间是否保持多向、丰富、适宜的信息交流				5				
	探究学习，自主学习能不流于形式，能处理好合作学习和独立思考的关系，做到有效学习				5				
	能提出有意义的问题或能发表个人见解；能按要求正确操作；能够倾听、协作分享				5				
	积极参与，在产品加工过程中不断学习，能提高综合运用信息技术的能力				5				
学习 方法	工作计划、操作技能是否符合规范要求				5				
	是否获得进一步发展的能力				5				
工作 过程	遵守管理规程，操作过程符合现场管理要求				5				
	平时上课能按时出勤，每天能及时完成工作任务				5				
	善于多角度思考问题，能主动发现、提出有价值的问题				5				
思维状态	能发现问题、提出问题、分析问题、解决问题、创新问题				5				
自评 反馈	能按时按质完成工作任务				5				
	能较好地掌握专业知识点				5				
	具有较强的信息分析能力和理解能力				5				
	具有较为全面严谨的思维能力并能条理明晰地表述成文				5				
自评等级									
有益的经 验和做法									
总结反思 建议									

等级评定：A：好　　B：较好　　C：一般　　D：有待提高

学习活动过程评价表

班级			姓名		学号		日期	年　月　日	
评价内容（满分100分）					学生自评/分	同学互评/分	教师评价/分	总评/分	
专业技能 （60分）	工作页完成进度（30分）							A（86～100） B（76～85） C（60～75） D（60以下）	
	对理论知识的掌握程度（10分）								
	理论知识的应用能力（10分）								
	改进能力（10分）								
综合素养 （40分）	遵守现场操作的职业规范（10分）								
	信息获取的途径（10分）								
	按时完成学习和工作任务（10分）								
	团队合作精神（10分）								
总分									
综合得分 （学生自评10%、同学互评10%、教师评价80%）									
小结建议									

现场测试考核评价表

班级		姓名		学号		日期	年　月　日	
序号	评价要点			配分/分	得分/分	总评/分		
1	能明确工作任务			10		A（86～100） B（76～85） C（60～75） D（60以下）		
2	能画出规范的气动符号			10				
3	能设计出正确的气动原理图			20				
4	能正确找到气动原理图上的元器件			10				
5	能根据原理图搭建回路			20				
6	能按正确的操作规程进行安装调试			10				
7	能积极参与小组讨论，团队间相互合作			10				
8	能及时完成老师布置的任务			10				
总分				100				
小结建议								

学习活动3　任务验收、交付使用

学 习 目 标

1. 能完成设备调试验收单的填写，明确验收要求。
2. 能按照企业工作制度请操作人员验收，交付使用。
3. 能按照企业 6S 管理要求整理现场。

学 习 过 程

根据任务要求，熟悉调试验收单格式，并完成验收单的填写工作。

设备调试验收单	
调试项目	木材剪切机动作气动系统的安装与调试
调试单位	
调试时间节点	
验收日期	
验收项目及要求	
验收人	

查阅相关资料，分别写出空载试机和负载试机的调试要求。

气动系统调试记录单	
调试步骤	调试要求
空载试机	
负载试机	

验收结束后，按照企业 6S 管理要求，整理现场，并完成下列表格的填写。

序号	名称	自我评价	做得较好的方面	做得不满意的方面	改进措施
1	整理				
2	整顿				
3	清扫				
4	清洁				
5	素养				
6	安全				

活动过程评价自评表

班级		姓名		学号		日期	年　月　日		
评价指标	评价要素					权重（%）	等级评定		
							A	B	C	D

评价指标	评价要素	权重（%）	A	B	C	D
信息检索	能有效利用网络资源、工作手册查找有效信息	5				
	能用自己的语言有条理地解释、表述所学知识	5				
	能将查找到的信息有效转换到工作中	5				
感知工作	是否熟悉工作岗位，认同工作价值	5				
	是否在工作中获得满足感	5				
参与状态	教师、同学之间是否相互尊重、理解、平等	5				
	教师、同学之间是否能够保持多向、丰富、适宜的信息交流	5				
	探究学习，自主学习能不流于形式，能处理好合作学习和独立思考的关系，做到有效学习	5				
	能提出有意义的问题或能发表个人见解；能按要求正确操作；能够倾听、协作分享	5				
	积极参与，在产品加工过程中不断学习，能提高综合运用信息技术的能力	5				
学习方法	工作计划、操作技能是否符合规范要求	5				
	是否获得进一步发展的能力	5				
工作过程	遵守管理规程，操作过程符合现场管理要求	5				
	平时上课能按时出勤，每天能及时完成工作任务	5				
	善于多角度思考问题，能主动发现、提出有价值的问题	5				
思维状态	能发现问题、提出问题、分析问题、解决问题、创新问题	5				
自评反馈	能按时按质完成工作任务	5				
	能较好地掌握专业知识点	5				
	具有较强的信息分析能力和理解能力	5				
	具有较为全面严谨的思维能力并能条理明晰地表述成文	5				
自评等级						
有益的经验和做法						
总结反思建议						

等级评定：A：好　　B：较好　　C：一般　　D：有待提高

学习活动过程评价表

班级		姓名		学号		日期	年 月 日	
评价内容（满分100分）				学生自评/分	同学互评/分	教师评价/分	总评/分	
专业技能 （60 分）	工作页完成进度（30 分）						A（86~100） B（76~85） C（60~75） D（60 以下）	
	对理论知识的掌握程度（10 分）							
	理论知识的应用能力（10 分）							
	改进能力（10 分）							
综合素养 （40 分）	遵守现场操作的职业规范（10 分）							
	信息获取的途径（10 分）							
	按时完成学习和工作任务（10 分）							
	团队合作精神（10 分）							
总分								
综合得分 （学生自评10%、同学互评10%、教师评价80%）								
小结建议								

现场测试考核评价表

班级		姓名		学号		日期	年 月 日	
序号	评价要点		配分/分	得分/分	总评/分		
1	能正确填写设备调试验收单		15				
2	能说出项目验收的要求		15				
3	能对安装的气动元件进行性能测试		15		A（86~100） B（76~85） C（60~75） D（60 以下）		
4	能对气动系统进行调试		15				
5	能按企业工作制度请操作人员验收，并交付使用		10				
6	能按照 6S 管理要求清理场地		10				
7	能遵守劳动纪律，以积极的态度接受工作任务		5				
8	能积极参与小组讨论，团队间相互合作		10				
9	能及时完成老师布置的任务		5				
总分			100				
小结建议							

学习活动 4 工作总结与评价

学 习 目 标

1. 能按分组情况，分别派代表展示工作成果，说明本次任务的完成情况，并作分析总结。

2. 能结合自身任务完成情况，正确规范地撰写工作总结（心得体会）。

3. 能就本次任务中出现的问题，提出改进措施。

4. 能对学习与工作进行反思总结，并能与他人开展良好合作，进行有效的沟通。

学 习 过 程

1. 展示评价（个人、小组评价）

每个人先在组里进行经验交流与成果展示，再由小组推荐代表作必要的介绍。在交流的过程中，以组为单位进行评价；评价完成后，根据其他组成员对本组设备安装、调试的评价意见进行归纳总结。完成如下项目：

（1）交流的结论是否符合生产实际？

符合□   基本符合□   不符合□

（2）与其他组相比，本小组设计的安装、调试工艺如何？

工艺优异□   工艺合理□   工艺一般□

（3）本小组介绍经验时表达是否清晰？

很好□   一般，常补充□   不清楚□

（4）本小组演示时，安装、调试是否符合操作规程？

符合□   部分符合□   不符合□

（5）本小组演示操作时遵循了 6S 的工作要求吗？

符合工作要求□   忽略了部分要求□   完全没有遵循□

（6）本小组的成员团队创新精神如何？

良好□   一般□   不足□

2. 自评总结（心得体会）

_____

_____

_____

_____

_____

3. 教师评价

1）找出各组的优点进行点评。

2）对展示过程中各组的缺点进行点评，提出改进方法。

3）对整个任务完成中出现的亮点和不足进行点评。

总体评价表

班级：　　　　　姓名：　　　　　学号：

项目	学生自评/分			同学互评/分			教师评价/分		
	10~9	8~6	5~1	10~9	8~6	5~1	10~9	8~6	5~1
	占总评10%			占总评30%			占总评60%		
学习活动1									
学习活动2									
学习活动3									
学习活动4									
协作精神									
纪律观念									
表达能力									
工作态度									
安全意识									
任务总体表现									
小计									
总评									

5.3 信息采集

5.3.1 逻辑控制阀的种类及特点

1. 定义

气动逻辑元件是指在控制回路中能实现一定的逻辑功能的元器件，它一般属于开关元件。

2. 特点

逻辑元件抗污染能力强，对气源净化要求低，通常元件在完成动作后，具有关断能力，所以耗气量小。

3. 组成

逻辑元件主要由两部分组成：一是开关部分，其功能是改变气体流动的通断；二是控制部分，其功能是当控制信号状态改变时，使开关部分完成一定的动作。

4. 种类

气动逻辑元件的种类较多。按逻辑功能不同，可以把气动元件分为"是"门元件、"非"门元件、"或"门元件、"与"门元件、"禁"门元件和"双稳"元件。常用逻辑控制阀如下：

（1）双压阀　双压阀属于方向控制阀，它有两个输入口（X 和 Y）和一个输出口 A。如图 5-7a 所示，若 X 口先输入压缩空气，Y 口随后也输入压缩空气，则 Y 口的压缩空气由 A

口输出；若 Y 口先输入压缩空气，情况亦然。若 X 口和 Y 口输入的压缩空气压力不等，则压力高的一侧被封闭，而低压侧的压缩空气通过 A 口输出。当压缩空气单独由 X 口或 Y 口输入时，其压力促使阀芯移动，封闭了与输出口 A 的通道，即 A 口无气体输出。图 5-7b、c 所示分别为双压阀的图形符号和实物图，图 5-8 所示气动双压阀在回路中的应用。

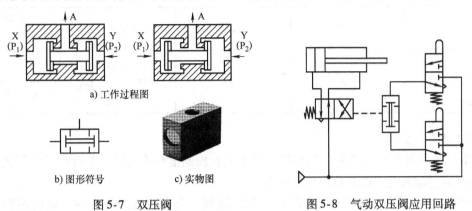

图 5-7　双压阀　　　　　　　　　　图 5-8　气动双压阀应用回路

　　(2) 梭阀　与双压阀一样，梭阀也属于方向控制阀，它也有两个输入口（X 和 Y）和一个输出口 A。如图 5-9a 所示，当压缩空气仅从 X 口输入时，阀芯将 Y 口封闭，X 口压缩空气从 A 口输出；反之，Y 口压缩空气从 A 口输出。当 X 口、Y 口同时进气时，哪端压力高，A 口就与哪端相通，另一端就自动关闭。由于阀芯像织布梭子一样来回运动，因而称为梭阀，它相当于两个单向阀的组合。图 5-9b、c 所示分别为梭阀的图形符号和实物图。图 5-10 所示气动梭阀在回路中的应用。

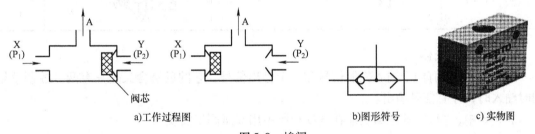

图 5-9　梭阀

5.3.2　基本逻辑元件

　　在逻辑判断中最基本的是"是"门、"非"门、"或"门和"与"门。在气动逻辑控制的基本元件中，最基本的逻辑元件也就是与之相对应的具有这四种逻辑功能的阀。

1. "是"门元件

　　"是"的逻辑含义就是只要有控制信号输入，就有信号输出；反之亦然。在气动控制系统中，就是指凡有控制信号就有压缩空气输出，没有控制信号就没有压缩空气输出。

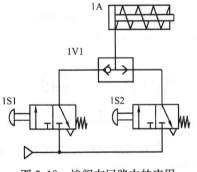

图 5-10　梭阀在回路中的应用

　　表5-1是用常断型二位三通阀来实现"是"的逻辑功能，其中，"A"表示控制信号，"Y"表示输出信号。在逻辑上用"1"和"0"表示两个对立的状态，"1"表示有信号输出，"0"表示没有信号输出。

表 5-1　"是"门逻辑元件

名称	阀职能符号	表达式	逻辑符号	真值表	
				A	Y
"是"门元件	A⊃Y	Y = A		1	1
				0	0

2. "非"门元件

　　"非"的逻辑含义与"是"门相反，就是当有控制信号输入时，没有压缩空气输出；当没有控制信号输入时，则有压缩空气输出。

　　表5-2中的"非"门元件是常通型二位三通阀，当有控制信号 A 时，阀的左位接入系统，就没有信号 Y 输出；当没有控制信号 A 时，在弹簧力的作用下，阀的右位接入系统，有信号输出。

表 5-2　"非"门逻辑元件

名称	阀职能符号	表达式	逻辑符号	真值表	
				A	Y
"非"门元件	A▷Y	$Y = \overline{A}$		1	0
				0	1

3. "与"门元件

　　"与"门元件有两个输入控制信号和一个输出信号，它的逻辑含义是只有两个控制信号同时输入时，才有信号输出。

　　表5-3中，"与"的逻辑功能在气动控制中用双压阀来实现。

表 5-3　"与"门逻辑元件

名称	阀职能符号	表达式	逻辑符号	真值表		
				A	B	Y
"与"门元件	A,B⊃Y	Y = A · B		0	0	0
				1	0	0
				0	1	0
				1	1	1

　　在气动控制回路中的逻辑"与"除了可以用双压阀实现外，还可以通过输入信号的串联实现。

4. "或"门元件

　　"或"门元件也有两个输入信号和一个输出信号。它的逻辑含义是只要两个控制信号中的一个或两个输入时，就有信号输出。

表 5-4 中，"或"的逻辑功能在气动控制中用梭阀来实现，当控制口 A 或 B 一端有压缩空气输入时，Y 就有压缩空气输出；A 和 B 都有压缩空气输入时，也有压缩空气输出。

表 5-4　"或"门逻辑元件

名称	阀职能符号	表达式	逻辑符号	真值表		
				A	B	Y
"或"门元件	A + Y B + Y	$Y = A + B$	A ◯ B	0	0	0
				1	0	1
				0	1	1
				1	1	1

5.3.3　逻辑控制回路的应用

逻辑功能可由逻辑元件实现，也可以由方向控制阀实现。下面介绍由方向控制阀实现的几种基本逻辑回路。

1. "是"门回路

一个常断式二位三通阀就是一个"是"门回路，如图 5-11 所示。当有气控信号 X 时，阀有气输出；当没有气控信号 X 时，阀没有气输出。因此，起动按钮也是一个"是"门。

2. "非"门回路

若把二位三通阀换成常通式，就是一个"非"门回路，如图 5-12 所示。当没有气控信号 X 时，阀有气输出；当有气控信号 X 时，阀反而没有气输出。因此，停止按钮也是一个"非"门。

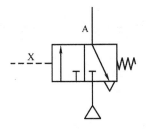

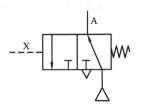

图 5-11　"是"门回路　　　　　图 5-12　"非"门回路

3. "与"门回路

把两个常断式二位三通阀按图 5-13a 所示串联起来后，就成了一个"与"门回路。图 5-13b 所示为将常断式二位三通的气源口作为信号输入口，也成为一个"与"门回路。在锻压和成形机床中，为避免事故发生，常采用"与"门回路，要求双手按下操作按钮时机床才能正常工作。前面已述，双压阀也是一个"与"门回路。

4. "或"门回路

把两个常断式二位三通阀按图 5-14 所示并联起来，就组成了一个"或"门回路。由图可见，两个阀中只要有一个换向，"或"门回路就有气输出。前面已述，梭阀也是一个"或"门回路。"或"门回路常用于需要进行两地控制的回路。

5. 记忆回路

一个双气控二位五通阀就是一个双输出的记忆回路，如图 5-15 所示。当有 X 信号时，A 端有输出，B 端无气；若此时 X 信号消失，则阀仍保持 A 端有输出状态，即"记忆"。反之，若有 Y 信号，B 端有输出，A 端无气；若此时 Y 信号消失，则阀仍保持 B 端有输出状态。但要注意，X、Y 端不能同时有信号输入，否则会出现不确定状态。

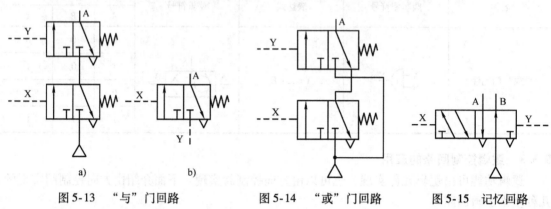

图 5-13　"与"门回路　　　　图 5-14　"或"门回路　　　图 5-15　记忆回路

5.4　学习任务应知考核

1. 气动逻辑元件是指在控制回路中能够实现一定_____的器件，它属于开关元件。
2. 双压阀属于_____，梭阀属于_____。
3. 在逻辑控制中，双压阀又称为_____逻辑元件。
4. 在逻辑控制中梭阀又称为_____逻辑元件。
5. 由方向控制阀实现的几种基本逻辑回路有 _____、_____、_____、_____、_____。

任务 6　气动系统行程程序控制回路的安装与调试

6.1　学习任务要求

6.1.1　知识目标

1. 了解行程阀、行程开关、接近开关的基础原理。

2. 掌握行程程序控制回路的特点和应用。

6.1.2　素质目标

1. 遵守现场操作的职业规范，具备安全、整洁、规范实施工作任务的能力。

2. 具有良好的职业道德、职业责任感和不断学习的精神。

3. 具有不断开拓创新的意识。

4. 以积极的态度对待训练任务，具有团队交流和协作能力。

6.1.3　能力目标

1. 能明确任务，正确选用各种行程阀。

2. 能按照工艺文件和装配原则，通过小组讨论，写出安装、调试简单行程程序控制回路的步骤。

3. 能正确选择气动系统的拆装工具、调试工具、维修工具和量具等，并按规定领用。

4. 能按照要求，合理布局气动元件，并根据图样搭建回路。

5. 能对搭建好的气动行程程序控制回路进行调试及排除故障，恢复其工作要求。

6. 能严格遵守起吊、搬运、用电、消防等安全操作规程要求。

7. 能按照企业工作制度请操作人员验收，交付使用，并填写调试记录。

8. 能按 6S 管理要求，整理场地，归置物品，并按照环保规定处置废油液等废弃物。

9. 能写出完成此项任务的工作小结。

6.2　工作页

6.2.1　工作任务情景描述

送料装置是机电（自动化）设备中常见的组成部分。如图 6-1 所示，气缸 A_1 将料仓里的物料向右推出，气缸 A_2 向前将物料推进料框。气缸 A_1、A_2 两端装有接近开关，用作位置检测元件，以对双气缸的行程进行控制。两气缸程序动作要求如下：气缸 A_1 伸出，到位后返回；气缸 A_1 返回到位后，气缸 A_2 伸出、返回；两气缸做单往复或多往复运动。本次任务是完成对该送料装置气缸的控制。

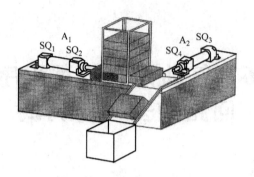

图 6-1　送料装置示意图

6.2.2　工作流程与活动

小组成员在接到任务后，到现场与操作人员沟通，认真观察送料装置，查阅送料装置相关技术参数资料后，进行任务分工安排，制定工作流程和步骤，做好准备工作；在工作过程中，通过对送料装置行程程序动作气动系统的设计、安装、调试及不断优化，搭建好送料装置的气动系统。安装调试完成后，请操作人员验收，合格后交付使用，并填写调试记录。最后，撰写工作小结，小组成员进行经验交流。在工作过程中严格遵守起吊、搬运、用电、消防等安全操作规程，按照现场管理规范清理场地、归置物品，并按照环保规定处置废弃物。

学习活动 1　接受工作任务、制订工作计划
学习活动 2　送料装置行程程序动作气动系统的安装与调试
学习活动 3　任务验收、交付使用
学习活动 4　工作总结与评价

学习活动 1　接受工作任务、制订工作计划

学 习 目 标

1. 能识读生产派工单，接受送料装置行程程序动作气动系统的安装、调试工作任务，明确任务要求。

2. 能查阅资料，了解送料装置行程程序动作气动系统的组成、结构等相关知识。

3. 查阅相关技术资料，了解送料装置行程程序动作气动系统的主要工作内容。

4. 能正确选择送料装置行程程序动作气动系统的拆装、调试所用的工具、量具等，并按规定领用。

5. 能制订送料装置行程程序动作气动系统安装调试工作计划。

学 习 过 程

仔细阅读下面的生产派工单，按照生产派工单提供的基本信息，查阅相关资料，明确工作任务的内容和要求。随着学习活动的展开，逐项填写生产派工单中的空白项目，完成学习任务。

生产派工单

单 号： 开单部门： 开单人：

开单时间： 年 月 日 时 分 接单人： 部 小组

（签名）

以下由开单人填写			
产品名称		完成工时	工时
产品技术要求			

以下由接单人和确认方填写			
领取材料（含消耗品）		成本核算	金额合计： 仓管员（签名） 年 月 日
领用工具			
操作者检测			（签名） 年 月 日
班组检测			（签名） 年 月 日
质检员检测			（签名） 年 月 日
生产数量统计	合格		
	不良		
	返修		
	报废		

统计： 审核： 批准：

根据任务要求，对现有小组成员进行合理分工，并填写分工表。

序号	组员姓名	组员任务分工	备注
1			
2			
3			
4			
5			
6			
7			
8			
9			

查阅资料，小组讨论并制订送料装置行程程序动作气动系统安装、调试的工作计划。

序号	工作内容	完成时间	工作要求	备注
1	接受生产派工单		认真识读生产派工单，了解任务要求	
2				
3				
4				
5				
6				
7				
8				
9				
10				

评 价 与 分 析

活动过程评价自评表

班级			姓名		学号		日期	年 月 日		
评价指标	评价要素					权重(%)	等级评定			
							A	B	C	D
信息检索	能有效利用网络资源、工作手册查找有效信息					5				
	能用自己的语言有条理地解释、表述所学知识					5				
	能将查找到的信息有效转换到工作中					5				
感知工作	是否熟悉工作岗位，认同工作价值					5				
	是否在工作中获得满足感					5				
参与状态	教师、同学之间是否相互尊重、理解、平等					5				
	教师、同学之间是否保持多向、丰富、适宜的信息交流					5				
	探究学习，自主学习能不流于形式，能处理好合作学习和独立思考的关系，做到有效学习					5				
	能提出有意义的问题或能发表个人见解；能按要求正确操作；能够倾听、协作分享					5				
	积极参与，在产品加工过程中不断学习，能提高综合运用信息技术的能力					5				
学习方法	工作计划、操作技能是否符合规范要求					5				
	是否获得进一步发展的能力					5				

（续）

班级			姓名		学号		日期	年　月　日		
评价 指标	评价要素						权重 （%）	等级评定		
								A	B	C	D
工作 过程	遵守管理规程，操作过程符合现场管理要求						5				
	平时上课能按时出勤，每天能及时完成工作任务						5				
	善于多角度思考问题，能主动发现、提出有价值的问题						5				
思维状态	能发现问题、提出问题、分析问题、解决问题、创新问题						5				
自评 反馈	能按时按质完成工作任务						5				
	能较好的掌握专业知识点						5				
	具有较强的信息分析能力和理解能力						5				
	具有较为全面严谨的思维能力并能条理明晰地表述成文						5				
自评等级											
有益的经 验和做法											
总结反思 建议											

等级评定：A：好　　　B：较好　　　C：一般　　　D：有待提高

学习活动过程评价表

班级		姓名		学号	日期		年　月　日
评价内容（满分100分）			学生自评/分	同学互评/分	教师评价/分	总评/分
专业技能 （60分）	工作页完成进度（30分）					A（86～100） B（76～85） C（60～75） D（60以下）
	对理论知识的掌握程度（10分）					
	理论知识的应用能力（10分）					
	改进能力（10分）					
综合素养 （40分）	遵守现场操作的职业规范（10分）					
	信息获取的途径（10分）					
	按时完成学习和工作任务（10分）					
	团队合作精神（10分）					
总分						
综合得分 （学生自评10%、同学互评10%、教师评价80%）						
小结建议						

现场测试考核评价表

班级		姓名		学号		日期		年　月　日
序号		评价要点			配分/分	得分/分		总评/分
1		能正确识读并填写生产派工单，明确工作任务			10			
2		能查阅资料，熟悉气动系统的组成和结构			10			A（86~100）
3		能根据工作要求，对小组成员进行合理分工			10			B（76~85）
4		能列出气动系统安装和调试所需的工具、量具清单			10			C（60~75）
5		能制订送料装置行程程序动作气动系统工作计划			20			D（60 以下）
6		能遵守劳动纪律，以积极的态度接受工作任务			10			
7		能积极参与小组讨论，团队间相互合作			20			
8		能及时完成老师布置的任务			10			
		总分			100			
小结建议								

学习活动 2　送料装置行程程序动作气动系统的安装与调试

🔘学 习 目 标

1. 能根据所学知识画出送料装置行程程序动作气动系统中控制元件的图形符号。
2. 能够根据任务要求，完成送料装置行程程序动作气动系统的设计和调试。
3. 能在搭建和调试回路中发现问题，提出问题产生的原因和排除方法。
4. 能参照有关书籍及上网查阅相关资料。

🔘学 习 过 程

　　我们已经学习了气动行程阀的基本原理及行程程序控制回路的类型和应用，请您结合所学的知识完成以下任务。

1. 画气动元件符号

根据阀的名称，画出下表对应的气动元件符号。

序号	名称	结构	实物	符号
1	行程阀			

（续）

序号	名称	结构	实物	符号
2	行程开关	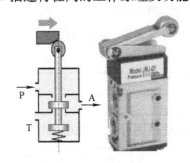		

2. 了解行程阀的结构和功能

1）查阅资料，根据图6-2描述行程阀的工作原理及功能。

a)行程阀结构　　　b)行程阀实物图

图6-2　行程阀

_____

_____

_____

_____

2）查阅资料，根据图6-3描述回路图中行程阀的作用。

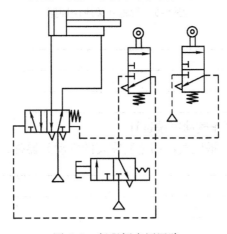

图6-3　行程阀应用回路

3. 了解行程开关的结构和功能

1）查阅资料，根据图6-4描述气动行程开关的工作原理及功能。

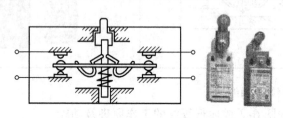

a) 行程开关结构   b) 行程开关实物图

图6-4 气动行程开关

2）查阅资料，根据图6-5描述回路行程开关的作用。

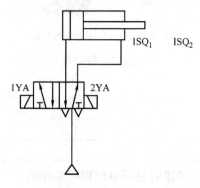

图6-5 行程开关应用回路

4. 送料装置行程程序动作气动系统设计

1）根据任务要求，选择搭建气动回路所需的气动元器件，写下确切的名字。

动力元件_____

执行元件_____

控制元件_____

辅助元件_____

2）画出设计方案（气动控制回路图）。

3）展示设计方案，并与老师交流。

4）在试验台上搭建气动控制回路，并完成动作及功能测试。

5）记录搭建和调试控制回路中出现的问题，说明问题产生的原因和排除方法。

问题1：_____

原因：_____

_____

排除方法：_____

_____

问题2：_____

原因：_____

_____

排除方法：_____

_____

教师签名：

最后请您将自己的解决方案与其他同学的相比较，讨论出最佳的设计方案。

活动过程评价自评表

班级		姓名		学号		日期	年　月　日		
评价指标	评价要素				权重(%)	等级评定			
						A	B	C	D
信息检索	能有效利用网络资源、工作手册查找有效信息				5				
	能用自己的语言有条理地解释、表述所学知识				5				
	能将查找到的信息有效转换到工作中				5				
感知工作	是否熟悉工作岗位，认同工作价值				5				
	是否在工作中获得满足感				5				
参与状态	教师、同学之间是否相互尊重、理解、平等				5				
	教师、同学之间是否能够保持多向、丰富、适宜的信息交流				5				
	探究学习，自主学习能不流于形式，能处理好合作学习和独立思考的关系，做到有效学习				5				
	能提出有意义的问题或能发表个人见解；能按要求正确操作；能够倾听、协作分享				5				
	积极参与，在产品加工过程中不断学习，能提高综合运用信息技术的能力				5				

（续）

班级			姓名		学号		日期	年　月　日		
评价指标	评价要素					权重（%）	等级评定			
							A	B	C	D
学习方法	工作计划、操作技能是否符合规范要求					5				
	是否获得进一步发展的能力					5				
工作过程	遵守管理规程，操作过程符合现场管理要求					5				
	平时上课能按时出勤，每天能及时完成工作任务					5				
	善于多角度思考问题，能主动发现、提出有价值的问题					5				
思维状态	能发现问题、提出问题、分析问题、解决问题、创新问题					5				
自评反馈	能按时按质完成工作任务					5				
	能较好地掌握专业知识点					5				
	具有较强的信息分析能力和理解能力					5				
	具有较为全面严谨的思维能力并能条理明晰地表述成文					5				
自评等级										
有益的经验和做法										
总结反思建议										

等级评定：A：好　B：较好　C：一般　D：有待提高

学习活动过程评价表

班级		姓名		学号	日期	年　月　日	
评价内容（满分100分）			学生自评/分	同学互评/分	教师评价/分	总评/分	
专业技能（60分）	工作页完成进度（30分）					A（86～100）B（76～85）C（60～75）D（60以下）	
	对理论知识的掌握程度（10分）						
	理论知识的应用能力（10分）						
	改进能力（10分）						
综合素养（40分）	遵守现场操作的职业规范（10分）						
	信息获取的途径（10分）						
	按时完成学习和工作任务（10分）						
	团队合作精神（10分）						
总分							
综合得分（学生自评10%、同学互评10%、教师评价80%）							
小结建议							

现场测试考核评价表

班级		姓名		学号		日期	年　月　日
序号	评价要点				配分/分	得分/分	总评/分
1	能明确工作任务				10		A（86～100） B（76～85） C（60～75） D（60 以下）
2	能画出规范的气动符号				10		
3	能设计出正确的气动原理图				20		
4	能正确找到气动原理图上的元器件				10		
5	能根据原理图搭建回路				20		
6	能按正确的操作规程进行安装调试				10		
7	能积极参与小组讨论，团队间相互合作				10		
8	能及时完成老师布置的任务				10		
总分					100		
小结建议							

学习活动 3　任务验收、交付使用

1. 能完成设备调试验收单的填写，明确验收要求。
2. 能按照企业工作制度请操作人员验收，交付使用。
3. 能按照企业 6S 管理要求整理现场。

根据任务要求，熟悉调试验收单格式，并完成验收单的填写工作。

设备调试验收单

调试项目	送料装置行程程序动作气动系统的安装与调试
调试单位	
调试时间节点	
验收日期	
验收项目及要求	
验收人	

查阅相关资料，分别写出空载试机和负载试机的调试要求。

气动系统调试记录单

调试步骤	调试要求
空载试机	
负载试机	

验收结束后，按照企业 6S 管理要求，整理现场，并完成下列表格的填写。

序号	名称	自我评价	做得较好的方面	做得不满意的方面	改进措施
1	整理				
2	整顿				
3	清扫				
4	清洁				
5	素养				
6	安全				

活动过程评价自评表

班级			姓名		学号		日期	年　月　日		
评价指标	评价要素					权重（%）	等级评定			
							A	B	C	D
信息检索	能有效利用网络资源、工作手册查找有效信息					5				
	能用自己的语言有条理地去解释、表述所学知识					5				
	能将查找到的信息有效转换到工作中					5				
感知工作	是否熟悉工作岗位，认同工作价值					5				
	是否在工作中获得满足感					5				
参与状态	教师、同学之间是否相互尊重、理解、平等					5				
	教师、同学之间是否能够保持多向、丰富、适宜的信息交流					5				
	探究学习，自主学习能不流于形式，能处理好合作学习和独立思考的关系，做到有效学习					5				
	能提出有意义的问题或能发表个人见解；能按要求正确操作；能够倾听、协作分享					5				
	积极参与，在产品加工过程中不断学习，能提高综合运用信息技术的能力					5				

（续）

班级		姓名		学号		日期	年　月　日		
评价 指标	评价要素				权重 （%）	等级评定			
						A	B	C	D
学习 方法	工作计划、操作技能是否符合规范要求				5				
	是否获得进一步发展的能力				5				
工作 过程	遵守管理规程，操作过程符合现场管理要求				5				
	平时上课能按时出勤，每天能及时完成工作任务				5				
	善于多角度思考问题，能主动发现、提出有价值的问题				5				
思维状态	能发现问题、提出问题、分析问题、解决问题、创新问题				5				
自评 反馈	能按时按质完成工作任务				5				
	能较好地掌握专业知识点				5				
	具有较强的信息分析能力和理解能力				5				
	具有较为全面严谨的思维能力并能条理明晰地表述成文				5				
自评等级									
有益的经 验和做法									
总结反思 建议									

等级评定：A：好　B：较好　C：一般　D：有待提高

学习活动过程评价表

班级		姓名		学号		日期		年　月　日	
评价内容（满分100分）			学生自评/分	同学互评/分	教师评价/分	总评/分			
专业技能 （60分）	工作页完成进度（30分）					A（86~100） B（76~85） C（60~75） D（60以下）			
	对理论知识的掌握程度（10分）								
	理论知识的应用能力（10分）								
	改进能力（10分）								
综合素养 （40分）	遵守现场操作的职业规范（10分）								
	信息获取的途径（10分）								
	按时完成学习和工作任务（10分）								
	团队合作精神（10分）								
总分									
综合得分 （学生自评10%、同学互评10%、教师评价80%）									
小结建议									

现场测试考核评价表

班级		姓名		学号		日期		年　月　日	
序号	评价要点				配分/分	得分/分		总评/分	
1	能正确填写设备调试验收单				15				
2	能说出项目验收的要求				15				
3	能对安装的气动元件进行性能测试				15				
4	能对气动系统进行调试				15			A（86~100）	
5	能按企业工作制度请操作人员验收，并交付使用				10			B（76~85）	
6	能按照 6S 管理要求清理场地				10			C（60~75）	
7	能遵守劳动纪律，以积极的态度接受工作任务				5			D（60 以下）	
8	能积极参与小组讨论，团队间相互合作				10				
9	能及时完成老师布置的任务				5				
总分					100				
小结建议									

学习活动4　工作总结与评价

 学 习 目 标

1. 能按分组情况，分别派代表展示工作成果，说明本次任务的完成情况，并作分析总结。

2. 能结合自身任务完成情况，正确规范地撰写工作总结（心得体会）。

3. 能就本次任务中出现的问题，提出改进措施。

4. 能对学习与工作进行反思总结，并能与他人开展良好合作，进行有效的沟通。

学 习 过 程

1. 展示评价（个人、小组评价）

每个人先在组里进行经验交流与成果展示，再由小组推荐代表作必要的介绍。在交流的过程中，以组为单位进行评价；评价完成后，根据其他组成员对本组设备安装、调试的评价意见进行归纳总结并完成如下项目：

（1）交流的结论是否符合生产实际？

符合□　　　　　　基本符合□　　　　　　不符合□

（2）与其他组相比，本小组设计的安装、调试工艺如何？

工艺优异□　　　　工艺合理□　　　　　工艺一般□

（3）本小组介绍经验时表达是否清晰？

很好□　　　　　　一般，常补充□　　　　不清楚□

（4）本小组演示时，安装、调试是否符合操作规程？

符合□　　　　　　　部分符合□　　　　　　不符合□

（5）本小组演示操作时遵循了 6S 的工作要求吗？

符合工作要求□　　　忽略了部分要求□　　　完全没有遵循□

（6）本小组的成员团队创新精神如何？

良好□　　　　　　　一般□　　　　　　　不足□

2. 自评总结（心得体会）

_____

_____

_____

_____

_____

_____

_____

_____

_____

3. 教师评价

1）找出各组的优点进行点评。

2）对展示过程中各组的缺点进行点评，提出改进方法。

3）对整个任务完成中出现的亮点和不足进行点评。

总体评价表

班级：　　　　　姓名：　　　　学号：

项目	学生自评/分			同学互评/分			教师评价/分		
	10 ~ 9	8 ~ 6	5 ~ 1	10 ~ 9	8 ~ 6	5 ~ 1	10 ~ 9	8 ~ 6	5 ~ 1
	占总评 10%			占总评 30%			占总评 60%		
学习活动 1									
学习活动 2									
学习活动 3									
学习活动 4									
协作精神									
纪律观念									
表达能力									
工作态度									
安全意识									
任务总体表现									
小计									
总评									

6.3　信息采集

6.3.1　行程阀

1. 机械控制换向阀

机械控制换向阀是利用安装在工作台上的轮、撞块或其他机械外力来推动阀芯动作，实现换向的换向阀。由于它主要用来控制和检测机械运动部件的行程，所以一般也称为行程阀。行程阀常见的操控方式有顶杆式、滚轮式、单向滚轮式等，如图 6-6 所示。

顶杆式行程阀是利用机械外力直接推动阀杆的头部，改变阀芯位置，实现换向的一种行程阀。滚轮式行程阀的头部安装

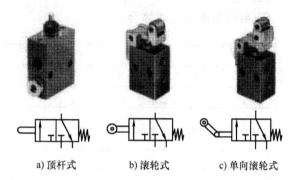

a) 顶杆式　　　b) 滚轮式　　　c) 单向滚轮式

图 6-6　行程阀及其图形符号

有滚轮，可以减少阀杆所受的侧向力。单向滚轮式行程阀常用来排除回路中的障碍信号，其头部滚轮是可折回的，只有在撞块从正方向通过滚轮时才能压下阀杆发生换向；反向通过时，行程阀不换向。

2. 行程开关

行程开关也称为限位开关，包括无机械触点的接近无关和有机械触点的行程开关。

图 6-7a 所示为常见的机械接触式行程开关的外形结构，有直动式、滚轮式、可通过滚轮式及微动式等形式。图 6-7b 为行程开关的结构原理图。在机械外力的作用下，操纵杆克服复位弹簧力，使动触点与静触点接触或分离，以控制相关电路的接通或断开。

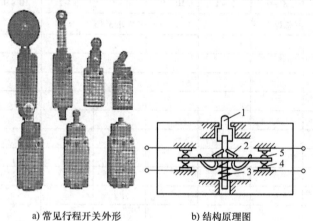

a) 常见行程开关外形　　　　　　b) 结构原理图

图 6-7　行程开关

1—操纵杆　2—弓形弹簧　3—复位弹簧　4—静触点　5—动触点

在气动系统中，常用作位置检测的无机械触点的接近开关有电感传感器、电容传感器、光电传感器和磁性开关。在上述几种接近开关中，磁性开关是气动系统所特有的，它利用安

装在气缸活塞上的永久磁环和直接安装在缸筒上的传感器（磁性开关）来检测气缸活塞的位置。磁性开关省去了安装其他类型传感器时所必需的支架连接件，节省了空间，安装、调试也简单得多。

如图6-8所示，当气缸移动的磁环靠近磁性接近开关时，舌簧开关的两根簧片被磁化而使触点闭合，产生电信号；当磁环离开磁性接近开关时，簧片失磁，触点断开。为确保磁环能检测到缸筒上的传感器，缸筒必须采用导磁性弱、隔磁性强的材料，如铝合金、不锈钢、黄铜等。

安装磁性接近开关时，应注意以下事项：

1）在无屏蔽的情况下，磁性接近开关和最近的气缸磁场之间的距离至少应为60mm。

2）不能置于有强磁场的地方（如焊机），以避免电磁场干扰。

3）由于开关存在迟滞距离，因此，在安装开关时，可借助开关上的指示灯，使气缸在空载状态下移动活塞杆位置，反复数次，直到确定开关的位置为止。

4）为适应不同的气缸结构和安装方式，应选择与之相适应的接近开关。接近开关在气缸上的安装方式如图6-9所示。

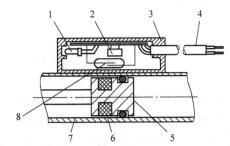

图6-8　磁性开关的工作原理

1—动作指示灯　2—保护电路　3—开关外壳
4—导线　5—活塞　6—磁环　7—缸筒　8—舌簧开关

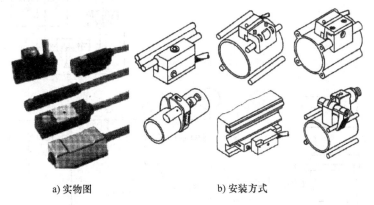

a) 实物图　　　　　　　b) 安装方式

图6-9　磁性接近开关及其在气缸上的安装方式

3. 中间继电器

中间继电器是用来增加控制电路中的信号数量或将信号放大的继电器，图6-10a所示为比较常见的中间继电器形式。由图6-10b可知，线圈得电后，铁心被磁化而吸引衔铁，克服复位弹簧力，使其内部的多组动、静触点接合或分离，从而控制电路接通或断开。

6.3.2　行程控制回路的应用

1. 运用行程控制阀控制的单往复回路

图6-11所示回路的功能是当双作用气缸到达行程终点时自动后退。将信号元件1S2改成滚轮杠杆阀。当按下阀1S1时，主控阀1V1换向，活塞前进。当活塞杆压下行程阀1S2时，产生另一信号使主控阀1V1复位，活塞后退。但应注意，当一直按着1S1时，活塞杆

即使伸出碰到 1S2，也无法后退。

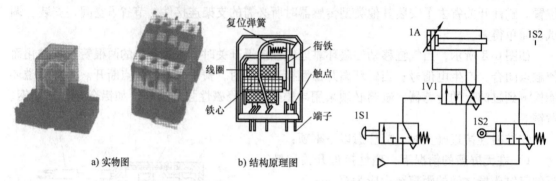

a) 实物图　　　　b) 结构原理图

图 6-10　中间继电器　　　　　　图 6-11　行程控制阀控制的单往复回路

2. 运用行程控制阀控制的往复回路

如图 6-12 所示，控制方案 1 中选择了两个行程阀，作为位置检测元件；控制方案 2 中选择了两个行程开关作为位置检测元件。对于方案 1，行程阀 2 是气缸返回信号发生元件；对于方案 2，行程开关 SQ2 是气缸返回信号发生元件。当撞块压下行程阀 2 或行程开关 SQ2 时，发出信号通知气缸作返回运动。

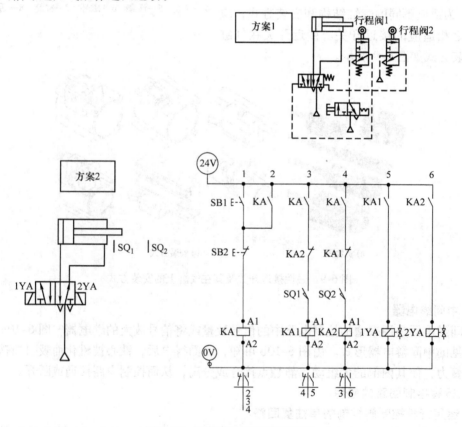

图 6-12　送料装置行程控制回路

6.4　学习任务应知考核

1. 机械控制换向阀是利用安装在工作台上的_____、_____或其他机械外力来推动阀芯动作，实现换向的换向阀。

2. 行程阀常见的操控方式有_____、_____、单向滚轮式等。

3. 电磁控制换向阀由_____和_____组成。

4. 电磁控制换向阀按控制方式不同，分为_____和_____两种。

5. 行程开关也称为_____，包括_____和有机械触点的行程开关。

6. 机械接触式行程开关根据其常见的外形结构，可分为_____、_____、可通过滚轮式及微动式等形式。

7. 在气动系统中，常用作位置检测的无机械触点的接近开关有_____、电容传感器、光电传感器和_____。

8. 中间继电器是用来增加控制电路中的_____或_____的继电器。

任务7 电气与气动系统综合控制回路的安装与调试

7.1 学习任务要求

7.1.1 知识目标

1. 认识西门子 S7 – 1200PLC 的硬件和硬件组态。
2. 了解常用低压电器的工作原理、符号和作用。
3. 认识气动控制基本元件，了解基本控制回路和工作原理。
4. 认识西门子 S7 – 1200PLC 基本控制指令和接线。

7.1.2 素质目标

1. 遵守现场操作的职业规范，具备安全、整洁、规范实施工作任务的能力。
2. 具有良好的职业道德、职业责任感和不断学习的精神。
3. 具有不断开拓创新的意识。
4. 以积极的态度对待训练任务，具有团队交流和协作能力。
5. 培养学生的职业素养。

7.1.3 能力目标

1. 能明确任务，能正确选择和安装 PLC、电气元件和气动元件。
2. 能按照工艺文件、控制要求和电气安装工艺，完成简单的气动 PLC 控制系统设计，并按照编程规则编制 PLC 控制程序。
3. 能完成西门子 S7 – 1200PLC 程序的输入与调试。
4. 能按照要求，合理布局元件，并根据图样搭建回路。
5. 能对搭建好的控制回路进行调试及排除故障，恢复其工作要求。
6. 能严格遵守起吊、搬运、用电、消防等安全操作规程要求。
7. 能按照企业工作制度请操作人员验收，交付使用，并填写调试记录。
8. 能按 6S 要求，整理场地，归置物品，并按照环保规定处置废油液等废弃物。
9. 能写出完成此项任务的工作小结。

7.2 工作页

7.2.1 工作任务情景描述

实习工厂有一台设备在安装工件时，用人工对工件进行装夹，加重了操作人员的工作量，同时也影响了工作效率和操作人员的安全，现需要用气压传动对装夹设备进行改造，如图7-1所示。动作要求按下夹紧按钮 SB1 后定位缸伸出，压紧定位，定位完成后碰到行程开关 SQ2，夹紧缸 A 和夹紧缸 B 同时伸出夹紧工件，夹紧工件后分别碰到行程开关 SQ4 和 SQ6，压紧和夹紧动作完成。加工完成后按下松开按钮 SB2，三个缸同时收回，分别碰到行程开关 SQ1、SQ3 和 SQ5 后停止动作。

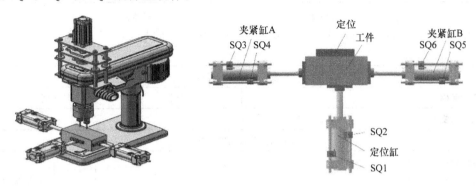

图 7-1 夹紧装置

7.2.2 工作流程与活动

小组成员在接到任务后，到现场与操作人员沟通，查阅该设备的相关技术参数资料和工序要求后，进行任务分工安排，制定工作流程和步骤，做好准备工作；在工作过程中，通过对该设备的气动传动与 PLC 控制系统的设计、安装、调试及不断优化，搭建好设备的装夹气动传动与 PLC 控制系统。安装调试完成后，请操作人员验收，合格后交付使用，并填写调试记录。最后，撰写工作小结，小组成员进行经验交流。在工作过程中严格遵守起吊、搬运、用电、消防等安全操作规程，按照现场管理规范清理场地、归置物品，并按照环保规定处置废弃物。

学习活动1 接受工作任务、制订工作计划
学习活动2 装夹设备气动传动与 PLC 控制系统的安装与调试
学习活动3 任务验收、交付使用
学习活动4 工作总结与评价

学习活动1 接受工作任务、制订工作计划

1. 能识读生产派工单，接受该设备改成气动传动与 PLC 控制系统的设计、安装和调试工作任务，明确任务要求。

2. 能查阅资料，了解装夹设备的动作和气动系统的组成、结构等相关知识。

3. 查阅相关技术资料，了解装夹设备动作气动系统的主要工作内容。

4. 能正确选择装夹设备的动作气动系统的拆装、调试所用的工具、量具等，并按规定领用。

5. 能制订装夹设备的气压传动与 PLC 控制系统改造、安装和调试工作计划。

学习过程

仔细阅读下面的生产派工单，按照生产派工单提供的基本信息，查阅相关资料，明确工

作任务的内容和要求。随着学习活动的展开，逐项填写生产派工单中的空白项目，完成学习任务。

生产派工单

单　号：　　　　　　　开单部门：　　　　　　　　开单人：

开单时间：　年　月　日　时　分　　接单人：　部　　小组

（签名）

以下由开单人填写

产品名称		完成工时		工时
产品技术要求				

以下由接单人和确认方填写

领取材料（含消耗品）		成本核算	金额合计： 仓管员（签名） 年　月　日
领用工具			
操作者检测			（签名） 年　月　日
班组检测			（签名） 年　月　日
质检员检测			（签名） 年　月　日
生产数量统计	合格		
	不良		
	返修		
	报废		

统计：　　　　　　审核：　　　　　　批准：

根据任务要求，对现有小组成员进行合理分工，并填写分工表。

序号	组员姓名	组员任务分工	备注

查阅资料，小组讨论并制订装夹设备动作气动系统安装、调试的工作计划。

序号	工作内容	完成时间	工作要求	备注
1	接受生产派工单		认真识读生产派工单，了解任务要求	

评 价 与 分 析

活动过程评价自评表

班级		姓名		学号		日期	年 月 日			
评价指标	评价要素				权重（%）	等级评定				
						A	B	C	D	
信息检索	能有效利用网络资源、工作手册查找有效信息				5					
	能用自己的语言有条理地解释、表述所学知识				5					
	能将查找到的信息有效转换到工作中				5					
感知工作	是否熟悉工作岗位，认同工作价值				5					
	是否在工作中获得满足感				5					
参与状态	教师、同学之间是否相互尊重、理解、平等				5					
	教师、同学之间是否能够保持多向、丰富、适宜的信息交流				5					
	探究学习，自主学习能不流于形式，处理好合作学习和独立思考的关系，做到有效学习				5					
	能提出有意义的问题或能发表个人见解；能按要求正确操作；能够倾听、协作分享				5					
	积极参与，在产品加工过程中不断学习，能提高综合运用信息技术的能力				5					
学习方法	工作计划、操作技能是否符合规范要求				5					
	是否获得进一步发展的能力				5					

（续）

班级			姓名		学号		日期	年　月　日		
评价指标	评价要素					权重(%)	等级评定			
							A	B	C	D
工作过程	遵守管理规程，操作过程符合现场管理要求					5				
	平时上课能按时出勤，每天能及时完成工作任务					5				
	善于多角度思考问题，能主动发现、提出有价值的问题					5				
思维状态	能发现问题、提出问题、分析问题、解决问题、创新问题					5				
自评反馈	能按时按质完成工作任务					5				
	能较好地掌握专业知识点					5				
	具有较强的信息分析能力和理解能力					5				
	具有较为全面严谨的思维能力并能条理明晰地表述成文					5				
自评等级										
有益的经验和做法										
总结反思建议										

等级评定：A：好　　B：较好　　C：一般　　D：有待提高

学习活动过程评价表

班级		姓名		学号		日期	年　月　日	
评价内容（满分100分）				学生自评/分	同学互评/分	教师评价/分	总评/分	
专业技能(60分)	工作页完成进度（30分）						A(86~100) B(76~85) C(60~75) D(60以下)	
	对理论知识的掌握程度（10分）							
	理论知识的应用能力（10分）							
	改进能力（10分）							
综合素养(40分)	遵守现场操作的职业规范（10分）							
	信息获取的途径（10分）							
	按时完成学习和工作任务（10分）							
	团队合作精神（10分）							
总分								
综合得分 （学生自评10%、同学互评10%、教师评价80%）								
小结建议								

现场测试考核评价表

班级		姓名		学号		日期		年 月 日
序号	评价要点				配分/分	得分/分		总评/分
1	能正确识读并填写生产派工单，明确工作任务				5			
2	能查阅资料，熟悉气动系统的组成和结构				5			
3	能根据工作要求，对小组成员进行合理分工				5			
4	能列出气动传动系统安装和调试所需的工具、量具清单				5			
5	能根完成S7-1200PLC的硬件连接和程序设计				15			A(86~100)
6	能完成简单电路的气压传动与PLC控制系统控制过程分析				15			B(76~85)
7	能掌握常用的低压电器工作原理以及符号画法				10			C(60~75)
8	能制订装夹设备的气压传动与PLC控制系统改造工作计划				10			D(60以下)
9	能遵守劳动纪律，以积极的态度接受工作任务				10			
10	能积极参与小组讨论，团队间相互合作				10			
11	能及时完成老师布置的任务				10			
总分					100			

小结建议	

学习活动2　装夹设备气动传动与PLC控制系统的安装与调试

1. 能根据所学知识画出装夹设备气压传动与PLC控制系统中各元件的图形符号并写出其用途。

2. 能够根据任务要求，完成装夹设备的气压传动与PLC控制系统的设计和调试。

3. 能在搭建和调试回路中发现问题，提出问题产生的原因和排除方法。

4. 能参照有关书籍及上网查阅相关资料。

我们已经学习了气压传动与PLC的基本原理及基本控制回路的类型和应用，请您结合所学的知识完成以下任务。

1）根据阀的名称，画出下表对应的元器件符号。

序号	名称	结构	实物	符号	
				图形符号	文字符号
1	直动式电控换向阀				
2	先导式电控换向阀				
3	按钮				
4	继电器				
5	行程开关				

2）说出图7-2所示的电器元件名称、作用和工作原理。

根据图7-2所示，查阅资料，描述电路和气动回路的工作原理、功能，并说一下直接控制的缺点是什么？

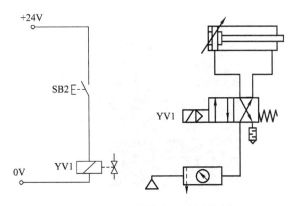

图7-2 单电控换向阀直接控制

_____

_____

_____

3）说出下图中各电器元件名称、作用和工作原理。

根据图7-3所示，查阅资料，描述电路和气动回路的工作原理、功能以及与图7-2的区别。

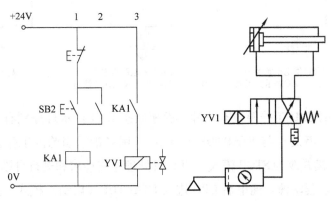

图7-3 电控换向阀间接控制

_____

_____

4）了解西门子 S7－1200PLC 的硬件结构、接线端子和工作原理。可编程序控制器（PLC）是一种数字运算操作的电子系统，专为在工业环境下应用而设计。它采用可编程序的存储器，用来在其内部存储执行逻辑运算、顺序控制、定时、计数和算术运算等操作的指令，并通过数字式或模拟式的输入和输出控制各种类型的生产过程。可编程序控制器及其有关外围设备，都应按易于与工业控制系统联成一个整体，易于扩充其功能的原则设计。它具有控制系统硬件结构简单、控制逻辑更改方便，以及系统稳定、维护方便等特点，如图 7-4 所示。

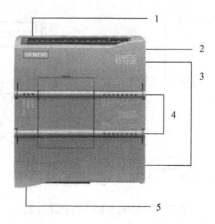

图 7-4　西门子 S7－1200PLC 外部结构图
1—电源接口　2—存储卡插槽（上部保护盖下面）　3—可拆卸用户接线连接器（保护盖下面）
4—板载 I/O 的状态 LED　5—PROFINET 连接器（CPU 的底部）

① S7－1200PLC 的 CPU 模块分为三种规格：DC/DC/DC、DC/DC/RLY 和 AC/DC/RLY。

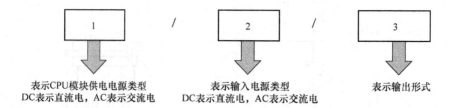

S7－1200PLC 的 CPU 工作模式有三种，面板状态 LED 指示灯分别有显示：①RUN（运行模式）、②STOP（停机）与 STARTUP（启动）。用来指示当前的工作模式，可以用编程软件将 CPU 的工作模式改为 STOP 模式，CPU 仅处理通信请求和进行自诊断，不执行用户程序，不会自动更新过程映像。通电后 CPU 进入 STARTUP（启动）模式，进行通电诊断和系统初始化，检查到某些错误时，将禁止 CPU 进入 RUN 模式，保持在 STOP 模式。

② 根据上面的知识，写出实习设备所用的 S7－1200PLC 的 CPU 模块供电电源类型 _____；输入电源类型_____ _____；输出的形式_____。

③ 查阅资料，描述 S7－1200PLC 输出形式中晶体管输出和继电器输出的区别：_____ _____ _____

④ 查阅资料，根据图 7-5 描述各结构的功能作用。

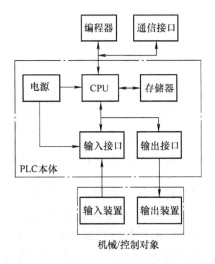

图 7-5　西门子 S7 –1200PLC 结构框图

CPU（中央处理器）作用：

_____

_____

存储器作用：

_____

_____

输入/输出接口电路的组成和作用：

_____

_____

_____

⑤ 认识西门子 S7 –1200PLC 接线（以 CPU1215C AC/DC/RLY 为例），如图 7-6 所示。

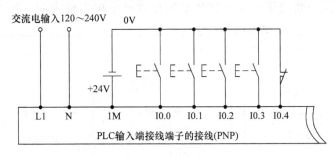

图 7-6　西门子 S7 –1200PLC 输入端接线图

⑥ 认识西门子 S7 –1200PLC 输入端接线（以 CPU1215C DC/DC/RLY 为例），如图 7-7 所示。

如图 7-6 和图 7-7 所示，西门子 S7 –1200PLC 输入端的接线，1M、2M 等是输入端的公共端子，当电源的_____相接时，称为 NPN 接法；当电源的_____时，称为 PNP 接法。

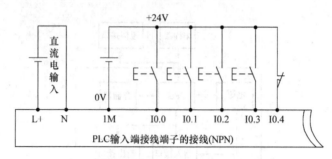

图 7-7　西门子 S7 – 1200PLC 输入端接线图

⑦ 过程映像输入区 I：过程映像输入区与输入端接在一起，用来接收 PLC 外部开关信号，在每次扫描周期的开始，PLC 的 CPU 对输入点进行采样，并将采样值写入过程映像输入区中。可以按位、字节和字或双字来存取过程映像输入区中的数据。若要存取存储区的某一位，则必须要指定地址，包括存储器标识符、字节地址和位号。如 I2.1 中，I 代表输入（存储器标识符），2 代表字节（字节的地址），1 代表字节位（即 8 位中的第 1 位 0～7）。图 7-8 所示为西门子 S7 – 1200PLC 控制原理等效电路。

⑧ 认识西门子 S7 – 1200PLC 输出端接线（以 CPU1215C 为例），如图 7-9 和图 7-10 所示。

西门子 S7 – 1200PLC 输出端有继电器输出、晶体管输出这两种。①继电器输出可以接交、直流电负载。不同公共点之间可以接不同电压的交、直流负载，受继电器触点开关速度低的影响，继电器输出应速度慢，带载能力强（一般为带载负载电流可达 2A/点），响应时间为 10ms 左右。为了延长继电器触点寿命，在外部电路中直流感性负载（如继电器的线圈等）应并联反偏二极管，交流感性负载应并联 RC 高压吸收元件。

晶体管输出带载能力小（0.5A/点），只适合直流负载（一般为 DC 30V 以下），开关速度高，适合高速控制的场合，可以用高速脉冲实现对伺服、步进的定位控制，如数码显示等，其输出端内部已并联反偏二极管。

根据图 7-9 所示，西门子 S7 – 1200PLC 输出端是继电器输出时，每组输出端电源类型可以是 ＿＿＿＿＿＿＿＿＿＿＿，也可以是＿＿＿＿＿＿＿＿＿＿＿＿＿＿＿＿＿＿＿＿＿＿。

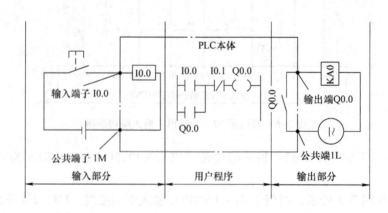

图 7-8　西门子 S7 – 1200PLC 控制原理等效电路

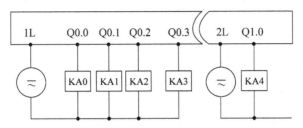

图 7-9　西门子 S7 – 1200PLC 输出端接线——继电器输出

根据图 7-10 所示，西门子 S7 – 1200PLC 输出端是晶体管输出时，可以接成 PNP 型（高电平输出），是否也可以接成 NPN 型（低电平输出）？为什么？

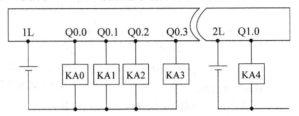

图 7-10　西门子 S7 – 1200PLC 输出端接线——晶体管输出（PNP）

_____

_____

_____

_____

根据图 7-9 和图 7-10 所示，描述 PLC 晶体管输出和继电器输出的区别。

_____

_____

_____

_____

5）认识西门子 S7 – 1200PLC 编程基础知识（梯形图编程）。

① 西门子 S7 – 1200PLC 的编程语言。梯形图编程是一种图形语言，直观易懂，是 PLC 编程常用的语言之一。图 7-11 所示为物理继电器与 PLC 继电器符号图对照和区别，图 7-12 所示为继电器控制和 PLC 控制的区别，图 7-13 所示为两种控制的梯形图比较。填写表 7-1。

物理继电器	PLC 继电器
继电器需要硬件连接，触点个数有限	继电器用程序软连接，触点个数无限
控制功能改变时，继电器接线也要改变	控制功能改变时，用户程序改变即可

	物理继电器	PLC继电器
常开触点	╱	┤├
常闭触点	╱	┤/├
线圈	□	( )

图 7-11　两种继电器符号图对照和区别

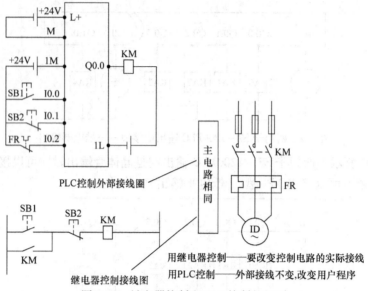

图 7-12　继电器控制和 PLC 控制的区别

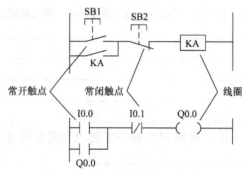

图 7-13　两种控制的梯形图比较

表 7-1　I/O 分配表

物理继电器	PLC 梯形图	元器件功能和作用	备注
SB1 按钮	I0.0		
SB2 按钮	I0.1		
KA 继电器	Q0.0		

② 用西门子 S7 – 1200PLC 控制。写出图 7-14 的接线图、I/O 分配表和控制程序,上传程序到 PLC 并运行调试。

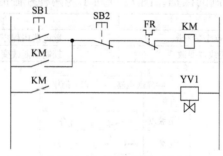

图 7-14　电气控制接线图

6）装夹设备气压传动与 PLC 控制系统的设计。

① 根据任务要求，选择搭建气压传动回路所需要的气动元器件，写下确切的名字。

动力元件＿＿＿＿＿＿＿＿＿＿＿＿＿＿＿＿＿＿＿＿＿＿＿＿＿＿＿＿＿＿＿

执行元件＿＿＿＿＿＿＿＿＿＿＿＿＿＿＿＿＿＿＿＿＿＿＿＿＿＿＿＿＿＿＿

控制元件＿＿＿＿＿＿＿＿＿＿＿＿＿＿＿＿＿＿＿＿＿＿＿＿＿＿＿＿＿＿＿

辅助元件＿＿＿＿＿＿＿＿＿＿＿＿＿＿＿＿＿＿＿＿＿＿＿＿＿＿＿＿＿＿＿

② 根据任务要求，选择搭建电气控制回路所需要的元器件，写下确切的名字。

控制元件＿＿＿＿＿＿＿＿＿＿＿＿＿＿＿＿＿＿＿＿＿＿＿＿＿＿＿＿＿＿＿

执行元件＿＿＿＿＿＿＿＿＿＿＿＿＿＿＿＿＿＿＿＿＿＿＿＿＿＿＿＿＿＿＿

保护元件＿＿＿＿＿＿＿＿＿＿＿＿＿＿＿＿＿＿＿＿＿＿＿＿＿＿＿＿＿＿＿

③ 画出设计方案（气动控制回路图）。

④ 画出设计方案（电气控制回路图）。

⑤ 写出 PLC 控制程序。

⑥ 写出 PLC 输入/输出分配表（I/O 分配表）。

7）展示设计方案，并与老师交流。

8）在试验台上搭建控制回路，上传 PLC 控制程序并完成动作及功能测试。

9）记录搭建和调试控制回路中出现的问题，说明问题产生的原因和排除方法。

问题 1：＿＿＿＿＿＿＿＿＿＿＿＿＿＿＿＿＿＿＿＿＿＿＿＿＿＿＿＿＿＿＿＿

原因：＿＿＿＿＿＿＿＿＿＿＿＿＿＿＿＿＿＿＿＿＿＿＿＿＿＿＿＿＿＿＿＿＿

＿＿＿＿＿＿＿＿＿＿＿＿＿＿＿＿＿＿＿＿＿＿＿＿＿＿＿＿＿＿＿＿＿＿＿＿

排除方法：＿＿＿＿＿＿＿＿＿＿＿＿＿＿＿＿＿＿＿＿＿＿＿＿＿＿＿＿＿＿＿

＿＿＿＿＿＿＿＿＿＿＿＿＿＿＿＿＿＿＿＿＿＿＿＿＿＿＿＿＿＿＿＿＿＿＿＿

问题 2：＿＿＿＿＿＿＿＿＿＿＿＿＿＿＿＿＿＿＿＿＿＿＿＿＿＿＿＿＿＿＿＿

原因：＿＿＿＿＿＿＿＿＿＿＿＿＿＿＿＿＿＿＿＿＿＿＿＿＿＿＿＿＿＿＿＿＿

＿＿＿＿＿＿＿＿＿＿＿＿＿＿＿＿＿＿＿＿＿＿＿＿＿＿＿＿＿＿＿＿＿＿＿＿

排除方法：＿＿＿＿＿＿＿＿＿＿＿＿＿＿＿＿＿＿＿＿＿＿＿＿＿＿＿＿＿＿＿

＿＿＿＿＿＿＿＿＿＿＿＿＿＿＿＿＿＿＿＿＿＿＿＿＿＿＿＿＿＿＿＿＿＿＿＿

教师签名：

最后请您将自己的解决方案与其他同学的相比较，讨论出最佳的设计方案。

活动过程评价自评表

班级		姓名		学号		日期	年 月 日		
评价指标	评价要素				权重（%）	等级评定			
						A	B	C	D
信息检索	能有效利用网络资源、工作手册查找有效信息				5				
	能用自己的语言有条理地解释、表述所学知识				5				
	能将查找到的信息有效转换到工作中				5				
感知工作	是否熟悉工作岗位，认同工作价值				5				
	是否在工作中获得满足感				5				
参与状态	教师、同学之间是否相互尊重、理解、平等				5				
	教师、同学之间是否能够保持多向、丰富、适宜的信息交流				5				
	探究学习，自主学习能不流于形式，能处理好合作学习和独立思考的关系，做到有效学习				5				
	能提出有意义的问题或能发表个人见解；能按要求正确操作；能够倾听、协作分享				5				
	积极参与，在产品加工过程中不断学习，能提高综合运用信息技术的能力				5				
学习方法	工作计划、操作技能是否符合规范要求				5				
	是否获得进一步发展的能力				5				
工作过程	遵守管理规程，操作过程符合现场管理要求				5				
	平时上课能按时出勤，每天能及时完成工作任务				5				
	善于多角度思考问题，能主动发现、提出有价值的问题				5				
思维状态	是否能发现问题、提出问题、分析问题、解决问题、创新问题				5				
自评反馈	能按时按质完成工作任务				5				
	能较好地掌握专业知识点				5				
	具有较强的信息分析能力和理解能力				5				
	具有较为全面严谨的思维能力并能条理明晰地表述成文				5				
自评等级									
有益的经验和做法									
总结反思建议									

等级评定：A：好　　B：较好　　C：一般　　D：有待提高

学习活动过程评价表

班级		姓名		学号		日期		年　月　日	
评价内容（满分 100 分）					学生自评/分	同学互评/分	教师评价/分	总评/分	
专业技能 （60 分）	工作页完成进度（30 分）							A(86～100) B(76～85) C(60～75) D(60 以下)	
	对理论知识的掌握程度（10 分）								
	理论知识的应用能力（10 分）								
	改进能力（10 分）								
综合素养 （40 分）	遵守现场操作的职业规范（10 分）								
	信息获取的途径（10 分）								
	按时完成学习和工作任务（10 分）								
	团队合作精神（10 分）								
总分									
综合得分 （学生自评 10%、同学互评 10%、教师评价 80%）									
小结建议									

现场测试考核评价表

班级		姓名		学号		日期		年　月　日	
序号	评价要点				配分/分		得分/分	总评/分	
1	能明确工作任务				10			A(86～100) B(76～85) C(60～75) D(60 以下)	
2	能画出规范的气动符号				10				
3	能设计出正确的气动原理图				20				
4	能正确找到气动原理图上的元器件				10				
5	能根据原理图搭建回路				20				
6	能按正确的操作规程进行安装调试				10				
7	能积极参与小组讨论，团队间相互合作				10				
8	能及时完成老师布置的任务				10				
总分					100				
小结建议									

学习活动 3　任务验收、交付使用

学 习 目 标

1. 能完成设备调试验收单的填写，明确验收要求。
2. 能按照企业工作制度请操作人员验收，交付使用。
3. 能按照企业 6S 要求进行现场整理。

学 习 过 程

1）根据任务要求，熟悉调试验收单格式，并完成验收单的填写工作。

设备调试验收单	
调试项目	装夹设备动作气动系统的安装与调试
调试单位	
调试时间节点	
验收日期	
验收项目及要求	
验收人	

2）查阅相关资料，分别写出空载试机和负载试机的调试要求。

气动系统调试记录单	
调试步骤	调试要求
空载试机	
负载试机	

3）验收结束后，按照企业 6S 管理要求，整理现场，并完成下列表格的填写。

序号	名称	自我评价	做得较好的方面	做得不满意的方面	改进措施
1	整理				
2	整顿				
3	清扫				
4	清洁				
5	素养				
6	安全				

活动过程评价自评表

班级		姓名		学号		日期	年　月　日		
评价 指标	评价要素				权重 （%）	等级评定			
						A	B	C	D
信息 检索	能有效利用网络资源、工作手册查找有效信息				5				
	能用自己的语言有条理地解释、表述所学知识				5				
	能将查找到的信息有效转换到工作中				5				
感知 工作	是否熟悉工作岗位，认同工作价值				5				
	是否在工作中获得满足感				5				
参与 状态	教师、同学之间是否相互尊重、理解、平等				5				
	教师、同学之间是否保持多向、丰富、适宜的信息交流				5				
	探究学习，自主学习能不流于形式，能处理好合作学习和独立思考的关系，做到有效学习				5				
	能提出有意义的问题或能发表个人见解；能按要求正确操作；能够倾听、协作分享				5				
	积极参与，在产品加工过程中不断学习，能提高综合运用信息技术的能力				5				
学习 方法	工作计划、操作技能是否符合规范要求				5				
	是否获得进一步发展的能力				5				
工作 过程	遵守管理规程，操作过程符合现场管理要求				5				
	平时上课能按时出勤，每天能及时完成工作任务				5				
	善于多角度思考问题，能主动发现、提出有价值的问题				5				
思维状态	能发现问题、提出问题、分析问题、解决问题、创新问题				5				
自评 反馈	能按时按质完成工作任务				5				
	能较好地掌握专业知识点				5				
	具有较强的信息分析能力和理解能力				5				
	具有较为全面严谨的思维能力并能条理明晰地表述成文				5				
自评等级									
有益的经 验和做法									
总结反思 建议									

等级评定：A：好　　B：较好　　C：一般　　D：有待提高

学习活动过程评价表

班级			姓名		学号			日期		年　月　日	
评价内容（满分100分）						学生自评/分	同学互评/分	教师评价/分		总评/分	
专业技能（60分）	电路设计	1. 列出 PLC 输入/输出分配表（5分） 2. 画出 PLC 控制接线图（5分）								A(86~100) B(76~85) C(60~75) D(60以下)	
	程序设计及上传	1. 根据工艺要求设计梯形图（10分） 2. 熟练操作并正确地将所编的程序上传到 PLC（10分）									
	运行调试	按被控设备的动作要求进行调试，达到设计要求（20分）									
	安全规范	养成良好的安全意识和注意操作规程（10分）									
综合素养（40分）	遵守现场操作的职业规范（10分）										
	信息获取的途径（10分）										
	按时完成学习和工作任务（10分）										
	团队合作精神（10分）										
总分											
综合得分 （学生自评10%、同学互评10%、教师评价80%）											
小结建议											

现场测试考核评价表

班级		姓名		学号		日期	年　月　日	
序号	评价要点				配分/分	得分/分	总评/分	
1	能正确填写设备调试验收单				15			
2	能说出项目验收的要求				15		A(86~100) B(76~85) C(60~75) D(60以下)	
3	能对安装的设备进行性能测试				15			
4	能对设备进行调试				15			
5	能按企业工作制度请操作人员验收，并交付使用				10			
6	能按照 6S 管理要求清理场地				10			
7	能遵守劳动纪律，以积极的态度接受工作任务				5			
8	能积极参与小组讨论，团队间相互合作				10			
9	能及时完成老师布置的任务				5			
总分					100			
小结建议								

学习活动 4　工作总结与评价

学 习 目 标

1. 能按分组情况，分别派代表展示工作成果，说明本次任务的完成情况，并作分析总结。

2. 能结合自身任务完成情况，正确规范地撰写工作总结（心得体会）。

3. 能就本次任务中出现的问题，提出改进措施。

4. 能对学习与工作进行反思总结，并能与他人开展良好合作，进行有效的沟通。

学 习 过 程

1. 展示评价（个人、小组评价）

每个人先在组里进行经验交流与成果展示，再由小组推荐代表作必要的介绍。在交流的过程中，以组为单位进行评价；评价完成后，根据其他组成员对本组设备安装、调试的评价意见进行归纳总结并完成如下项目：

（1）交流的结论是否符合生产实际？

符合□　　　　　　基本符合□　　　　　　不符合□

（2）与其他组相比，本小组设计的安装、调试工艺如何？

工艺优异□　　　　工艺合理□　　　　　　工艺一般□

（3）本小组介绍经验时表达是否清晰？

很好□　　　　　　一般，常补充□　　　　不清楚□

（4）本小组演示时，安装、调试是否符合操作规程？

符合□　　　　　　部分符合□　　　　　　不符合□

（5）本小组演示操作时遵循了 6S 的工作要求吗？

符合工作要求□　　忽略了部分要求□　　　完全没有遵循□

（6）本小组的成员团队创新精神如何？

良好□　　　　　　一般□　　　　　　　　不足□

2. 自评总结（心得体会）

_____

_____

_____

_____

_____

_____

_____

_____

_____

_____

3. 教师评价

1）找出各组的优点进行点评。

2）对展示过程中各组的缺点进行点评，提出改进方法。

3）对整个任务完成中出现的亮点和不足进行点评。

总体评价表

项目	学生自评/分			同学互评/分			教师评价/分		
	10~8	8~6	5~1	10~8	8~6	5~1	10~8	8~6	5~1
	占总评10%			占总评30%			占总评60%		
学习活动1									
学习活动2									
学习活动3									
学习活动4									
协作精神									
纪律观念									
表达能力									
工作态度									
安全意识									
任务总体表现									
小计									
总评									

班级：　　　　姓名：　　　　学号：

7.3　信息采集

7.3.1　电气控制元件

1. 开关稳压电源（见图 7-15）

（1）基本结构说明　1 为 DC 24V 电压表，2 为 DC 24V 指示灯，3 为 DC 24V 输出接线端口，4 为 AC 220V 插口，5 为 DC 24V 电源开关。

（2）功能简介

1）提供 DC 24V 直流电源，模块带有短路、过载等保护装置，并配有指针式电压监控，且端口开放方便用户使用。

2）电源插孔全部采用带护套保护的插座，有效地提高了安全保障措施。

（3）使用说明

1）禁止带电连接导线，禁止带电取放熔丝管，禁止用手

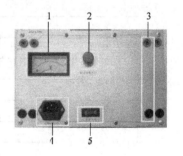

图 7-15　开关稳压电源

1—电压表　2—指示灯
3—输出接线端口　4—插口
5—电源开关

指抠护套内芯，以免触电。

2）使用过程中，防止 DC 24V 短路，若有短路现象产生，则及时断电，然后重新排除线路错误，连接后再继续使用。

3）在使用过程中，若发现外部有误动作、误操作等危险情况发生，应及时切断电源。

4）该电源模块提供 DC 24V 直流稳压电源，最大负载电流 4.5A，请注意外部负载必须在负载能力范围以内。

2. 电气信号输入元件

电气信号输入元件主要为按钮控制模块，如图 7-16 所示。

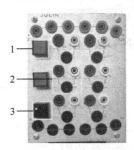

图 7-16　按钮控制模块

1—按钮　2—常开（NO）、常闭（NC）、公共端触点（C1、C2）　3—旋钮

（1）结构特点介绍　按钮类型、图示及符号见表 7-2。

表 7-2　按钮类型、图示及符号

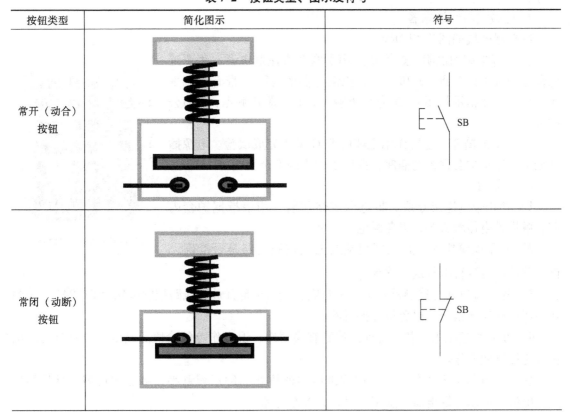

按钮类型	简化图示	符号
常开（动合）按钮		SB
常闭（动断）按钮		SB

（续）

按钮类型	简化图示	符号
复合按钮		SB

（2）使用说明

1）禁止带电连接导线，该模块控制电压为 DC 24V，请勿采用 AC 220V 作为控制电压。

2）使用该模块前，必须仔细检查电气控制电路是否准确无误，确认后再进行电气线路连接。

3）各个端口全部开放，可根据自己实际接线需求在外部进行连接。

4）在使用过程中，若发现外部控制有误动作、误操作等危险情况发生，应及时切断电源停止控制或操作。

3. 电磁式中间继电器

继电器模块如图 7-17 所示。

（1）基本结构说明　这模块上用了两个直流继电器，每个继电器分别有 4 组触点，1 和 2 为直流继电器的线圈（带有续流发光二极管，作指示灯用），3 为常闭触点，4 为常开触点，5 为公共端。

（2）功能简介　主要作用是辅助 PLC 模块完成试验。电源插孔全部采用带护套保护的插座，保证了试验的安全性能。

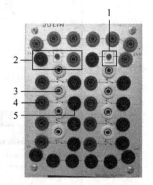

图 7-17　继电器模块

（3）使用说明

1）禁止带电连接导线、带电取放熔丝管、用手指抠护套内芯、触摸继电器触头等，以免触电。

2）使用该模块前，必须仔细检查电气控制电路是否准确无误，确认后再进行电气线路连接。

3）各个端口均与接触器触头一一对应，端口全部开放，线路控制电压为 DC 24V，请勿将控制电压连接错误，以免烧坏接触器。

4）在使用过程中，若发现外部控制有误动作、误操作等危险情况发生，应及时切断电源停止控制或操作。

（4）中间继电器工作原理　中间继电器的体积和触点容量小，触点数目多，且只能通过小电流。所以，继电器一般用于机床的控制电路中。

4. 传感器

这里讲的传感器主要是接近传感器，主要用于检测物体的位移，如图 7-18 所示。接近开关：主要用于检测物体的位移。

（1）接近开关有两线制和三线制的区别　三线制接近开关又分为 NPN 型和 PNP 型，它们的接线是不同的。三线制接近传感器符号如图 7-19 所示。三线制接近开关的接线：红（棕）线接电源正端；蓝线接电源 0V 端；黄（黑）线为信号，应接负载（这里我们接 PLC 的输入点作为负载）。负载的另一端是这样接的：对于 NPN 型接近开关，应接到电源正端；对于 PNP 型接近开关，则应接到电源 0V 端。接近开关的负载可以是信号灯、继电器线圈或可编程序控制器 PLC 的数字量输入模块，PNP 接近开关与 PLC 接线如图 7-20 所示，NPN 接近开关与 PLC 接线如图 7-21 所示。

图 7-18　接近开关实物图

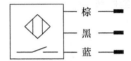

图 7-19　三线制接近传感器符号

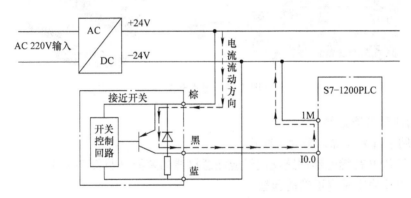

图 7-20　PNP 接近开关与 PLC 接线

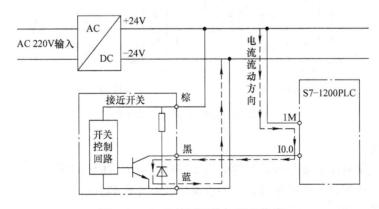

图 7-21　NPN 接近开关与 PLC 接线

（2）两线制接近开关的接线比较简单（见图7-22），接近开关与负载串联后接到电源即可。但是两线制接近开关受工作条件的限制，导通时开关本身产生一定压降，截止时又有一定的剩余电流流过，选用时应予考虑。三线制接近开关虽多了一根线，但不受剩余电流等不利因素的困扰，工作更为可靠。

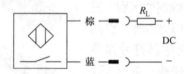

图 7-22　接近开关两线制接法

5. 磁性开关

磁性开关是用来检测气缸活塞的运动行程。其实物图如图 7-23 所示，它可分为有接点型和无接点型两种。

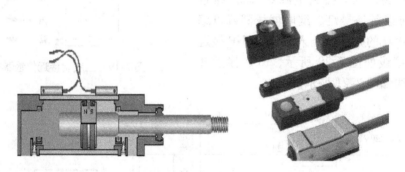

图 7-23　磁性开关

使用时的注意事项如下：

1）只能用于直流电源，多为三线式。

2）NPN 和 PNP 在继电器回路使用时应注意接线的差异（见图 7-24）。

3）配合 PLC 使用时应正确地选型。

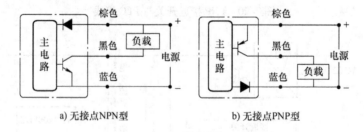

a) 无接点NPN型　　　　　b) 无接点PNP型

图 7-24　磁性开关的接线方法

6. 行程开关

（1）作用　用来控制某些机械部件的运动行程和位置或限位保护。

（2）结构　行程开关由操作机构、触点系统和外壳等部分组成。

（3）实物图　如图 7-25 所示。

a) 行程开关LX2系列-2　　　　b) 行程开关LX5系列-2

c) 行程开关LXK2系列-1　　　　d) 行程开关LX18系列-2

图 7-25　行程开关实物图

行程开关的按钮类型、图示及符号见表 7-3。

表 7-3　行程开关的按钮类型、图示及符号

类型	简化图示		符号
常开（动合）触点	未撞击	撞击	SQ
常闭（动断）触点			SQ
复合触点			SQ

7.3.2　西门子 S7 – 1200PLC 编程

西门子 S7 – 1200PLC 是以程序的形式进行工作，所以必须把控制要求变换成 PLC 能接收并执行的程序。西门子 S7 – 1200PLC 常用的编程语言有以下几种：梯形图编程语言、指令助记符编程语言、逻辑功能图语言和某些高级语言。目前使用最普遍的就是梯形图编程语言。

梯形图是一种语言，它沿用继电器触点、线圈、串并联等的术语和图形符号，并增加了一些继电器控制中没有的符号，因此梯形图与继电器控制图的形式及符号有许多相同或者相似的地方。梯形图按自上而下，从左往右的顺序排列，最左边的坚线称为起始母线（也叫左母线），然后按一定的控制要求和规则连接各个触点，最后以继电器线圈结束称为一逻辑行。一般在最右边还加上一条竖线，这一条竖线称为右母线。通常一个梯形图中有若干逻辑

行，如同梯子，如图 7-26 所示梯形图从而得名，梯形图比较形象直观易掌握，所以称为用户第一语言。

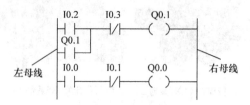

图 7-26　PLC 编程语言梯形图

1）梯形图中触点只有常开和常闭触点，它可以是 PLC 输入点外部开关（比如起动按钮、停止按钮等），但通常是 PLC 内部继电器的触点或是状态，不同的 PLC 的触点有自己特定的号码标记，以便区别。

2）梯形图中触点可以串联或并联，但物理的继电线圈只能并联不能串联。

3）PLC 内部的辅助继电器、计数器和定时器等均不能直接控制外部负载，只能作中间结果供 PLC 内部用。

4）PLC 是循环扫描的方式沿梯形图的顺序扫描来执行程序，在同一扫描周期中的结果会保存在输出状态的暂存器中，所以输出点的值在用户程序中可以当条件用。

5）程序结束时要用结束标志 END。

7.3.3　西门子 S7 – 1200PLC 编程规则和技巧

要正确、快速优化西门子 S7 – 1200PLC 编程，必须掌握以下编程规则和技巧：

1）在同一个梯形图中，同一编号的线圈如果使用了两次或两次以上，称为双线圈输出，一般情况下只能出现一次，因为双线圈输出容易出现误操作。

2）梯形图按自上而下，从左住右的顺序排列，每一行从左母线开始到右母线终止，继电器线圈与右母线直接连接，在右母线与继电器之间不能连接别的元素，如图 7-27 所示。

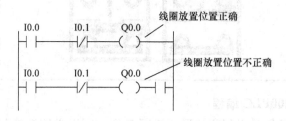

图 7-27　西门子 S7 – 1200PLC 编程梯形图

3）输入继电器、输出继电器和辅助继电器等的触点可以多次使用不受限制。

4）输入继电器线圈是由输入点上的外部开关输入信号驱动，所以梯形图中的输入继电器的触点表示对应点上的输入信号。

5）把串联触点最多的支路放在最上方，把并联触点最多的支路放在最左边。

6）如果外部输入为常开触点，则编程时与继电器的控制原理图一致。如果外部输入是常闭触点，那么编程与继电器的控制原理刚好相反。

7.4　学习任务应知考核

1. 填空题

1）西门子 PLC 按结构分有＿＿＿＿＿＿＿＿和＿＿＿＿＿＿＿＿＿＿＿两种：按 I/O 点数来分有①小型机点数少于＿＿＿＿＿＿点，②中型机点数在＿＿＿＿＿＿＿＿＿＿，③大型机点数在＿＿＿＿＿＿＿＿＿＿。

2）西门子 S7－1200PLC 主要由＿＿＿＿＿＿＿＿＿＿＿＿＿＿等几部分组成。

3）若梯形图中某一过程映像输出位 Q 的线圈"断电"，对应的过程映像输出位为＿＿＿＿＿＿＿＿，在写入输出模块阶段之后继电器输出模块对应的硬件继电器的线圈＿＿＿＿＿＿＿＿，其常开触点＿＿＿＿＿＿＿＿，外部负载＿＿＿＿＿＿＿＿＿＿＿。

4）安装 TIA 博途软件 STEP7 Professional（专业版）对计算机最小的硬件配置如下：处理器主频为＿＿＿＿GHz 或更高，最小为＿＿＿＿GHz，内存为＿＿＿＿GB 或更大，最小为＿＿＿＿GB，硬盘容量为＿＿＿＿GB，对计算机的操作系统为＿＿＿＿版本。

2. 看图回答问题

1）根据西门子 S7－1200PLC 编程规则和技巧，说一下图 7-28 所示编程是否正确？如果不正确应该如何编写程序？

2）根据西门子 S7－1200PLC 编程规则和技巧，描述图 7-13 编程是否正确？如果不正确应该如何编写程序？

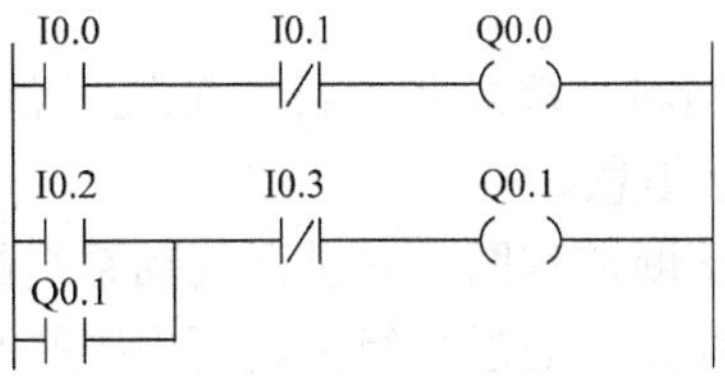

图　7-28

任务 8　气动系统维护与故障维修

8.1　学习任务要求

8.1.1　知识目标

1. 了解气动系统安装与调试的一般步骤和方法。
2. 掌握气动系统常见故障诊断及排除方法。

8.1.2　素质目标

1. 遵守现场操作的职业规范，具备安全、整洁、规范实施工作任务的能力。
2. 具有良好的职业道德、职业责任感和不断学习的精神。
3. 具有不断开拓创新的意识。
4. 以积极的态度对待训练任务，具有团队交流和协作能力。

8.1.3　能力目标

1. 能接受维修任务，明确任务要求，写出小组成员、工作地点、维修对象、维修时间，初步了解故障现象，服从工作安排。
2. 能通过耐心细致的有效沟通，记录操作人员反映的信息，通过小组讨论，提取有效信息，充分了解故障现象。
3. 能查阅空气压缩机维修档案，摘录并分析注塑机设备的维修记录，正确获取设备的工作年限、故障出现频率等有效信息。
4. 能运用排除法画出故障诊断流程图，并进行气动系统故障诊断，找出故障点。
5. 能按照工艺文件和维修原则，通过小组讨论写出维修步骤。
6. 能正确选择维修工具、检验量具、辅助工具、维修辅料、标识牌等，并列出工量具清单。
7. 能根据清单，按照企业工量具管理规定领取、保管、保养、归还工量具。
8. 能正确安放标识牌，做好场地安全防护措施，穿戴好劳动防护用品。
9. 能对故障部位进行零部件拆卸，写出需要修复、更换的零部件和元器件，进行成本核算，制定合理的修复方案。
10. 能对零部件和元器件进行修复或更换。
11. 能对机械设备故障部位进行装配、检测、调整，排除故障，恢复精度和功能。
12. 能按照企业工作制度请操作人员验收，交付使用，并填写维修记录。
13. 能严格遵守起吊、搬运、用电、消防等安全规程要求。
14. 能清理场地，归置物品，并按照环保规定处置废油液等废弃物。
15. 能写出完成此项任务的工作小结。

8.2　工作页

8.2.1　工作任务情景描述

　　学生接受维修任务后，到现场与操作人员沟通，勘查故障现象，查阅机床维修档案，进行故障诊断，明确故障点。故障确认后制定维修步骤，做好维修前的准备工作，包括准备维修工具、检验量具、辅助工具、维修辅料、标识牌等，并做好安全防护措施。在维修过程中通过液压零部件、元件的修复、更换、调整，完成精度和功能恢复，完成故障排除。故障排除后请操作人员验收，合格后交付使用，并填写维修记录。在工作过程中严格遵守起吊、搬运、用电、消防等安全规程要求，工作完成后按照现场管理规范清理场地、归置物品，并按照环保规定处置废油液等废弃物。

8.2.2　工作流程与活动

　　学习活动 1　接受工作任务、制订工作计划

　　学习活动 2　空气压缩机的诊断与修复

　　学习活动 3　气动系统执行元件的诊断与维修

　　学习活动 4　气动系统控制元件的诊断与维修

　　学习活动 5　气动系统辅助元件的诊断与维修

　　学习活动 6　气动系统整体检验，交付使用

　　学习活动 7　工作总结与评价

学习活动 1　接受工作任务、制订工作计划

1. 能制订合理的进度计划。

2. 能采集有效信息。

3. 能在规定的时间内完成任务。

学 习 过 程

　　仔细阅读下面的生产派工单，按照生产派工单提供的基本信息，查阅相关资料，明确工作任务的内容和要求。随着学习活动的展开，逐项填写生产派工单中的空白项目，完成学习任务。

生产派工单

单号：　　　　　　　　开单部门：　　　　　　　　开单人：

开单时间：　　年　月　日　时　分　　　接单人：　　部　　小组

（签名）

以下由开单人填写

产品名称		完成工时	工时
产品技术要求			

以下由接单人和确认方填写

领取材料（含消耗品）		成本核算	金额合计： 仓管员（签名） 年　月　日
领用工具			
操作者检测			（签名） 年　月　日
班组检测			（签名） 年　月　日
质检员检测			（签名） 年　月　日
生产数量统计	合格		
	不良		
	返修		
	报废		

统计：　　　　　审核：　　　　　批准：

根据任务要求，对现有小组成员进行合理分工，并填写分工表。

序号	组员姓名	组员任务分工	备注

查阅资料，小组讨论并制订空气压缩机气动系统故障维修的工作计划。

序号	工作内容	完成时间	工作要求	备注
1	接受生产派工单		认真识读生产派工单,了解任务要求	

评 价 与 分 析

活动过程评价自评表

班级			姓名		学号		日期	年 月 日		
评价指标	评价要素					权重(%)	等级评定			
							A	B	C	D
信息检索	能有效利用网络资源、工作手册查找有效信息					5				
	能用自己的语言有条理地解释、表述所学知识					5				
	能将查找到的信息有效转换到工作中					5				
感知工作	是否熟悉工作岗位,认同工作价值					5				
	是否在工作中获得满足感					5				
参与状态	教师、同学之间是否相互尊重、理解、平等					5				
	教师、同学之间是否保持多向、丰富、适宜的信息交流					5				
	探究学习,自主学习能不流于形式,能处理好合作学习和独立思考的关系,做到有效学习					5				
	能提出有意义的问题或能发表个人见解;能按要求正确操作;能够倾听、协作分享					5				
	积极参与,在产品加工过程中不断学习,能提高综合运用信息技术的能力					5				
学习方法	工作计划、操作技能是否符合规范要求					5				
	是否获得进一步发展的能力					5				
工作过程	遵守管理规程,操作过程符合现场管理要求					5				
	平时上课能按时出勤和每天能及时完成工作任务					5				
	善于多角度思考问题,能主动发现、提出有价值的问题					5				
思维状态	能发现问题、提出问题、分析问题、解决问题、创新问题					5				

（续）

班级			姓名		学号		日期	年　月　日		
评价 指标	评价要素						权重 （%）	等级评定		
								A	B	C	D
自评 反馈	能按时按质完成工作任务						5				
	能较好地掌握专业知识点						5				
	具有较强的信息分析能力和理解能力						5				
	具有较为全面严谨的思维能力并能条理明晰地表述成文						5				
自评等级											
有益的经 验和做法											
总结反思 建议											

等级评定：A：好　　　B：较好　　　C：一般　　　D：有待提高

学习活动 2　空气压缩机的诊断与修复

1. 能根据实际情况诊断出空气压缩机的部分故障。
2. 能够根据故障的具体情况列出具体的解决方案。
3. 能按照方案进行空气压缩机的更换与维修。
4. 能参照有关书籍及上网查阅相关资料。

引导问题

1. 如何识别全封闭式压缩机机壳上的 3 只接线柱？

2. 如何判断空气压缩机电动机绕组短路？

3. 如何判断空气压缩机电动机碰壳通地？

4. 如何判断空气压缩机电动机绕组断路？

5. 写出空气压缩机不起动的原因。

6. 空气压缩机过热，造成起动不久即停机（保护器动作），请检查出原因。

7. 空气压缩机效率低的判断指标有哪些？

8. 空气压缩机失去工作能力的判断方法有哪些？

9. 空气压缩机电动机为何电流过大？

10. 空气压缩机三相电动机起动困难的原因何在？

11. 如何排除空气压缩机三相电动机在运转中速度变慢、一相熔丝熔断、一相电流增大的故障？

 评 价 与 分 析

活动过程评价自评表

班级			姓名		学号		日期	年 月 日		
评价项目及标准						权重（%）	等级评定			
							A	B	C	D
基础知识	1. 掌握空气压缩机的工作原理					20				
	2. 能够根据故障现象，准确判定故障原因					20				
	3. 能够制定合理的维修方案					20				
实习过程	1. 安全操作情况 2. 平时实习的出勤情况 3. 每天的学习质量 4. 每天对实习岗位卫生清洁、工具、设备的整理保管及实习场所卫生清扫情况					30				
情感态度	1. 教师的互动 2. 良好的劳动习惯 3. 组员的交流、合作 4. 实践动手操作的兴趣、态度、主动积极性					10				
合 计						100				
简要评述										

等级评定：A：优（10）　　B：好（8）　　C：一般（6）　　D：有待提高（4）

活动过程评价互评表

被评人姓名		学号		日期	年 月 日	评价人			
评价项目及标准					权重（%）	等级评定			
						A	B	C	D
基础知识	1. 掌握空气压缩机的工作原理				20				
	2. 能够根据故障现象，准确判定故障原因				20				
	3. 能够制定合理的维修方案				20				
实习过程	1. 安全操作情况 2. 平时实习的出勤情况 3. 每天的学习质量 4. 每天对实习岗位卫生清洁、工具、设备的整理保管及实习场所卫生清扫情况				30				
情感态度	1. 教师的互动 2. 良好的劳动习惯 3. 组员的交流、合作 4. 实践动手操作的兴趣、态度、主动积极性				10				
合 计					100				
简要评述									

等级评定：A：优（10）　　B：好（8）　　C：一般（6）　　D：有待提高（4）

活动过程教师评价表

班级			姓名		学号		日期	年　月　日	配分/分	得分/分
教师评价	劳动保护用品穿戴		严格按《实习守则》要求穿戴好劳动保护用品						3	
	平时表现评价		1. 实习期间出勤情况 2. 遵守实习纪律情况 3. 平时技能操作练习姿势 4. 每天的实训任务完成质量 5. 良好的劳动习惯，实习岗位卫生情况						10	
	综合专业技能水平	基本知识	1. 熟悉气动系统的基础知识 2. 分析能力强 3. 掌握资料的查阅、采纳，并对所用设备、资料的维护保养						8	
		操作技能	1. 动脑能力强，理论联系实际，善于灵活应用 2. 制定维修方案合理 3. 操作过程符合 6S 管理要求 4. 合理选用工量具						30	
		工具使用	1. 工具、量具、刃具、设备、资料使用正确及懂得维护保养 2. 熟练操作						5	
	情感态度评价		1. 教师的互动，团队合作 2. 良好的劳动习惯，注重提高自己的动手能力 3. 组员的交流、合作 4. 实践动手操作的兴趣、态度、主动积极性						10	
	用好设备		1. 严格按工量具的型号、规格摆放整齐，保管好实习工量具 2. 严格遵守机床操作规程和各工种安全操作规章制度，维护保养好实习设备						5	
	资源使用		节约实习消耗用品、合理使用材料						3	
	安全文明实习		1. 遵守实习场所纪律，听从实习指导教师指挥 2. 掌握安全操作规程和消防、灭火的安全知识 3. 严格遵守安全操作规程、实训中心的各项规章制度和实习纪律 4. 按国家有关法规，发生重大事故者，取消实习资格，并且实习成绩为零分						10	
自评	综合评价		1. 组织纪律性，遵守实习场所纪律及有关规定 2. 良好的劳动习惯，实习岗位整洁 3. 实习中个人的发展和进步情况 4. 专业基础知识与专业操作技能的掌握情况						8	
互评	综合评价		1. 组织纪律性，遵守实习场所纪律及有关规定 2. 良好的劳动习惯，实习岗位整洁 3. 实习中个人的发展和进步情况 4. 专业基础知识与专业操作技能的掌握情况						8	
合　计									100	

学习活动 3　气动系统执行元件的诊断与维修

1. 能根据实际情况诊断出气动系统执行元件的故障。
2. 能够根据故障的具体情况列出具体的解决方案。
3. 能按照方案进行执行元件的更换与维修。
4. 能参照有关书籍及上网查阅相关资料。

学 习 过 程

引导问题

1. 气缸出现外泄漏时怎样维修？

2. 活塞两端串气活塞密封圈损坏，润滑不良，活塞被卡住，活塞配合面有缺陷时怎样解决？

3. 输出力不足时应怎样解决？

4. 缓冲效果不良时怎样解决？

5. 活塞杆损伤时怎样修复？

活动过程评价自评表

| 班级 | | | 姓名 | | 学号 | | 日期 | 年　月　日 | | |

评价项目及标准		权重 (%)	等级评定			
			A	B	C	D
基础知识	1. 掌握气缸的工作原理	20				
	2. 能够根据故障现象，准确判定故障原因	20				
	3. 能够制定合理的维修方案	20				
实习过程	1. 安全操作情况 2. 平时实习的出勤情况 3. 每天的学习质量 4. 每天对实习岗位卫生清洁、工具、设备的整理保管及实习场所卫生清扫情况	30				
情感态度	1. 教师的互动 2. 良好的劳动习惯 3. 组员的交流、合作 4. 实践动手操作的兴趣、态度、主动积极性	10				
合　计		100				
简要评述						

等级评定：A：优（10）　　　B：好（8）　　　C：一般（6）　　　D：有待提高（4）

活动过程评价互评表

| 被评人姓名 | | 学号 | | 日期 | 年　月　日 | 评价人 | |

评价项目及标准		权重 (%)	等级评定			
			A	B	C	D
基础知识	1. 掌握气缸的工作原理	20				
	2. 能够根据故障现象，准确判定故障原因	20				
	3. 能够制定合理的维修方案	20				
实习过程	1. 安全操作情况 2. 平时实习的出勤情况 3. 每天的学习质量 4. 每天对实习岗位卫生清洁、工具、设备的整理保管及实习场所卫生清扫情况	30				
情感态度	1. 教师的互动 2. 良好的劳动习惯 3. 组员的交流、合作 4. 实践动手操作的兴趣、态度、主动积极性	10				
合　计		100				
简要评述						

等级评定：A：优（10）　　　B：好（8）　　　C：一般（6）　　　D：有待提高（4）

活动过程教师评价表

班级			姓名		学号		日期	年 月 日	配分/分	得分/分
教师评价	劳动保护用品穿戴		严格按《实习守则》要求穿戴好劳动保护用品。						3	
	平时表现评价		1. 实习期间出勤情况 2. 遵守实习纪律情况 3. 平时技能操作练习姿势 4. 每天的实训任务完成质量 5. 良好的劳动习惯,实习岗位卫生情况						10	
	综合专业技能水平	基本知识	1. 熟悉气动系统的基础知识 2. 分析能力强 3. 掌握资料的查阅、采纳,并对所用设备、资料的维护保养						8	
		操作技能	1. 动脑能力强,理论联系实际,善于灵活应用 2. 制定维修方案合理 3. 操作过程符合 6S 管理要求 4. 合理选用工量具						30	
		工具使用	1. 工具、量具、刃具、设备、资料使用正确及懂得维护保养 2. 熟练操作						5	
	情感态度评价		1. 教师的互动,团队合作 2. 良好的劳动习惯,注重提高自己的动手能力 3. 组员的交流、合作 4. 实践动手操作的兴趣、态度、主动积极性						10	
	用好设备		1. 严格按工量具的型号、规格摆放整齐,保管好实习工量具 2. 严格遵守机床操作规程和各工种安全操作规章制度,维护保养好实习设备						5	
	资源使用		节约实习消耗用品、合理使用材料						3	
	安全文明实习		1. 遵守实习场所纪律,听从实习指导教师指挥 2. 掌握安全操作规程和消防、灭火的安全知识 3. 严格遵守安全操作规程、实训中心的各项规章制度和实习纪律 4. 按国家有关法规,发生重大事故者,取消实习资格,并且实习成绩为零分						10	
自评	综合评价		1. 组织纪律性,遵守实习场所纪律及有关规定 2. 良好的劳动习惯,实习岗位整洁 3. 实习中个人的发展和进步情况 4. 专业基础知识与专业操作技能的掌握情况						8	
互评	综合评价		1. 组织纪律性,遵守实习场所纪律及有关规定 2. 良好的劳动习惯,实习岗位整洁 3. 实习中个人的发展和进步情况 4. 专业基础知识与专业操作技能的掌握情况						8	
合 计									100	

学习活动 4　气动系统控制元件的诊断与维修

 **学习目标**

1. 能根据实际情况诊断出气动系统控制元件的故障。
2. 能够根据故障的具体情况列出具体的解决方案。
3. 能按照方案进行控制元件的更换与维修。
4. 能参照有关书籍及上网查阅相关资料。

 **学习过程**

引导问题

1. 什么是气动系统控制元件？

2. 简写出气动系统控制元件的分类。

3. 填写下表

序号	控制元件名称	故障分析	解决方法	备注
1				
2				
3				
4				

评价与分析

活动过程评价自评表

班级			姓名		学号		日期	年　月　日		
评价项目及标准						权重（%）	等级评定			
							A	B	C	D
基础知识	1. 掌握控制元件的工作原理					20				
	2. 能够根据故障现象，准确判定故障原因					20				
	3. 能够制定合理的维修方案					20				
实习过程	1. 安全操作情况 2. 平时实习的出勤情况 3. 每天的学习质量 4. 每天对实习岗位卫生清洁、工具、设备的整理保管及实习场所卫生清扫情况					30				

（续）

班级		姓名		学号		日期	年 月 日			
评价项目及标准						权重（%）	等级评定			
							A	B	C	D
情感态度	1. 教师的互动 2. 良好的劳动习惯 3. 组员的交流、合作 4. 实践动手操作的兴趣、态度、主动积极性					10				
合 计						100				
简要评述										

等级评定：A：优（10）　　B：好（8）　　C：一般（6）　　D：有待提高（4）

活动过程评价互评表

被评人姓名		学号		日期		年 月 日		评价人		
评价项目及标准						权重（%）	等级评定			
							A	B	C	D
基础知识	1. 掌握控制元件的工作原理					20				
	2. 能够根据故障现象，准确判定故障原因					20				
	3. 能够制定合理的维修方案					20				
实习过程	1. 安全操作情况 2. 平时实习的出勤情况 3. 每天的学习质量 4. 每天对实习岗位卫生清洁、工具、设备的整理保管及实习场所卫生清扫情况					30				
情感态度	1. 教师的互动 2. 良好的劳动习惯 3. 组员的交流、合作 4. 实践动手操作的兴趣、态度、主动积极性					10				
合 计						100				
简要评述										

等级评定：A：优（10）　　B：好（8）　　C：一般（6）　　D：有待提高（4）

活动过程教师评价量表

班级			姓名		学号		日期	年　月　日	配分/分	得分/分
教师评价	劳动保护用品穿戴		严格按《实习守则》要求穿戴好劳动保护用品						3	
	平时表现评价		1. 实习期间出勤情况 2. 遵守实习纪律情况 3. 平时技能操作练习姿势 4. 每天的实训任务完成质量 5. 良好的劳动习惯，实习岗位卫生情况						10	
	综合专业技能水平	基本知识	1. 熟悉气动系统的基础知识 2. 分析能力强 3. 掌握资料的查阅、采纳，并对所用设备、资料进行维护保养						8	
		操作技能	1. 动脑能力强，理论联系实际善于灵活应用 2. 制定维修方案合理 3. 操作过程符合 6S 管理要求 4. 合理选用工量具						30	
		工具使用	1. 工具、量具、刃具、设备、资料的使用正确及懂得维护保养 2. 熟练操作						5	
	情感态度评价		1. 教师的互动，团队合作 2. 良好的劳动习惯，注重提高自己的动手能力 3. 组员的交流、合作 4. 实践动手操作的兴趣、态度、主动积极性						10	
	用好设备		1. 严格按工量具的型号、规格摆放整齐，保管好实习工量具 2. 严格遵守机床操作规程和各工种安全操作规章制度，维护保养好实习设备						5	
	资源使用		节约实习消耗用品、合理使用材料						3	
	安全文明实习		1. 遵守实习场所纪律，听从实习指导教师指挥 2. 掌握安全操作规程和消防、灭火的安全知识 3. 严格遵守安全操作规程、实训中心的各项规章制度和实习纪律 4. 按国家有关法规，发生重大事故者，取消实习资格，并且实习成绩为零分						10	
自评	综合评价		1. 组织纪律性，遵守实习场所纪律及有关规定 2. 良好的劳动习惯，实习岗位整洁 3. 实习中个人的发展和进步情况 4. 专业基础知识与专业操作技能的掌握情况						8	
互评	综合评价		1. 组织纪律性，遵守实习场所纪律及有关规定 2. 良好的劳动习惯，实习岗位整洁 3. 实习中个人的发展和进步情况 4. 专业基础知识与专业操作技能的掌握情况						8	
合　计									100	

学习活动5　气动系统辅助元件的诊断与维修

学习目标

1. 能根据实际情况诊断出气动系统辅助元件的故障。
2. 能够根据故障的具体情况列出具体的解决方案。
3. 能按照方案进行辅助元件的更换与维修。
4. 能参照有关书籍及上网查阅相关资料。

学习过程

引导问题

1. 气动系统辅助元件包括哪些？

2. 气动系统辅助元件的故障主要有哪些？

3. 填写下表

序号	故障现象	故障原因分析	解决方法	备注
1	油雾器故障			
2	自动排污器故障			
3	消声器故障			

评价与分析

活动过程评价自评表

班级		姓名		学号		日期	年 月 日		
评价项目及标准					权重（%）	等级评定			
						A	B	C	D
基础知识	1. 掌握空气压缩机辅助元件的工作原理				20				
	2. 能够根据故障现象，准确判定故障原因				20				
	3. 能够制定合理的维修方案				20				
实习过程	1. 安全操作情况 2. 平时实习的出勤情况 3. 每天的学习质量 4. 每天对实习岗位卫生清洁、工具、设备的整理保管及实习场所卫生清扫情况				30				

（续）

班级		姓名		学号		日期	年　月　日		
评价项目及标准						权重（%）	等级评定		
							A	B	C	D
情感态度	1. 教师的互动 2. 良好的劳动习惯 3. 组员的交流、合作 4. 实践动手操作的兴趣、态度、主动积极性					10				
合　计						100				
简要评述										

等级评定：A：优（10）　　　B：好（8）　　　C：一般（6）　　　D：有待提高（4）

活动过程评价互评表

被评人姓名		学号		日期		年　月　日		评价人	
评价项目及标准						权重（%）	等级评定		
							A	B	C	D
基础知识	1. 掌握空气压缩机辅助元件的工作原理					20				
	2. 能够根据故障现象，准确判定故障原因					20				
	3. 能够制定合理的维修方案					20				
实习过程	1. 安全操作情况 2. 平时实习的出勤情况 3. 每天的学习质量 4. 每天对实习岗位卫生清洁、工具、设备的整理保管及实习场所卫生清扫情况					30				
情感态度	1. 教师的互动 2. 良好的劳动习惯 3. 组员的交流、合作 4. 实践动手操作的兴趣、态度、主动积极性					10				
合　计						100				
简要评述										

等级评定：A：优（10）　　　B：好（8）　　　C：一般（6）　　　D：有待提高（4）

活动过程教师评价量表

班级			姓名		学号		日期	年　月　日		配分	得分
教师评价	劳动保护用品穿戴	严格按《实习守则》要求穿戴好劳动保护用品								3	
	平时表现评价	1. 实习期间出勤情况 2. 遵守实习纪律情况 3. 平时技能操作练习姿势 4. 每天的实训任务完成质量 5. 良好的劳动习惯，实习岗位卫生情况								10	
	综合专业技能水平	基本知识	1. 熟悉气动系统的基础知识 2. 分析能力强 3. 掌握资料的查阅、采纳，并对所用设备、资料的维护保养							8	
		操作技能	1. 动脑能力强，理论联系实际，善于灵活应用 2. 制定维修方案合理 3. 操作过程符合 6S 管理要求 4. 合理选用工量具							30	
		工具使用	1. 工具、量具、刃具、设备、资料的使用正确及懂得维护保养 2. 熟练操作							5	
	情感态度评价	1. 教师的互动，团队合作 2. 良好的劳动习惯，注重提高自己的动手能力 3. 组员的交流、合作 4. 实践动手操作的兴趣、态度、主动积极性								10	
	用好设备	1. 严格按工量具的型号、规格摆放整齐保管好实习工量具 2. 严格遵守机床操作规程和各工种安全操作规章制度，维护保养好实习设								5	
	资源使用	节约实习消耗用品、合理使用材料								3	
	安全文明实习	1. 遵守实习场所纪律，听从实习指导教师指挥 2. 掌握安全操作规程和消防、灭火的安全知识 3. 严格遵守安全操作规程、实训中心的各项规章制度和实习纪律 4. 按国家有关法规，发生重大事故者，取消实习资格，并且实习成绩为零分								10	
自评	综合评价	1. 组织纪律性，遵守实习场所纪律及有关规定 2. 良好的劳动习惯，实习岗位整洁 3. 实习中个人的发展和进步情况 4. 专业基础知识与专业操作技能的掌握情况								8	
互评	综合评价	1. 组织纪律性，遵守实习场所纪律及有关规定 2. 良好的劳动习惯，实习岗位整洁 3. 实习中个人的发展和进步情况 4. 专业基础知识与专业操作技能的掌握情况								8	
合　计										100	

学习活动 6   气动系统整体检验，交付使用

1. 能够掌握气动系统的组成及各部分的工作原理。
2. 能够根据具体情况对气动系统进行检验。
3. 能参照有关书籍及上网查阅相关资料。

引导问题

1. 设计空气压缩机气动系统的验收流程。

2. 在检验过程中，应该注意哪些事项？

活动过程评价自评表

班级		姓名		学号		日期	年 月 日		
评价项目及标准					权重（%）	等级评定			
						A	B	C	D
基础知识	1. 掌握空气压缩机的工作原理				20				
	2. 能够根据故障现象，准确判定故障原因				20				
	3. 能够制定合理的维修方案				20				
实习过程	1. 安全操作情况 2. 平时实习的出勤情况 3. 每天的学习质量 4. 每天对实习岗位卫生清洁、工具、设备的整理保管及实习场所卫生清扫情况				30				

（续）

班级		姓名		学号		日期	年　月　日

评价项目及标准		权重（%）	等级评定			
			A	B	C	D
情感态度	1. 教师的互动 2. 良好的劳动习惯 3. 组员的交流、合作 4. 实践动手操作的兴趣、态度、主动积极性	10				
合　计		100				
简要评述						

等级评定：A：优（10）　　　B：好（8）　　　C：一般（6）　　　D：有待提高（4）

活动过程评价互评表

被评人姓名		学号		日期	年　月　日	评价人	

评价项目及标准		权重（%）	等级评定			
			A	B	C	D
基础知识	1. 掌握空气压缩机的工作原理	20				
	2. 能够根据故障现象，准确判定故障原因	20				
	3. 能够制定合理的维修方案	20				
实习过程	1. 安全操作情况 2. 平时实习的出勤情况 3. 每天的学习质量 4. 每天对实习岗位卫生清洁、工具、设备的整理保管及实习场所卫生清扫情况	30				
情感态度	1. 教师的互动 2. 良好的劳动习惯 3. 组员的交流、合作 4. 实践动手操作的兴趣、态度、主动积极性	10				
合　计		100				
简要评述						

等级评定：A：优（10）　　　B：好（8）　　　C：一般（6）　　　D：有待提高（4）

活动过程教师评价量表

班级			姓名		学号		日期	年　月　日	配分	得分
教师评价	劳动保护用品穿戴		严格按《实习守则》要求穿戴好劳动保护用品						3	
	平时表现评价		1. 实习期间出勤情况 2. 遵守实习纪律情况 3. 平时技能操作练习姿势 4. 每天的实训任务完成质量 5. 良好的劳动习惯，实习岗位卫生情况						10	
	综合专业技能水平	基本知识	1. 熟悉气动系统的基础知识 2. 分析能力强 3. 掌握资料的查阅、采纳，并对所用设备、资料的维护保养						8	
		操作技能	1. 动脑能力强，理论联系实际，善于灵活应用 2. 制订维修方案合理 3. 操作过程符合 6S 管理要求 4. 合理选用工量具						30	
		工具使用	1. 工具、量具、刃具、设备、资料的使用正确及懂得维护保养 2. 熟练操作						5	
	情感态度评价		1. 教师的互动，团队合作 2. 良好的劳动习惯，注重提高自己的动手能力 3. 组员的交流、合作 4. 实践动手操作的兴趣、态度、主动积极性						10	
	用好设备		1. 严格按工量具的型号、规格摆放整齐保管好实习工量具 2. 严格遵守机床操作规程和各工种安全操作规章制度，维护保养好实习设备						5	
	资源使用		节约实习消耗用品、合理使用材料						3	
	安全文明实习		1. 遵守实习场所纪律，听从实习指导教师指挥 2. 掌握安全操作规程和消防、灭火的安全知识 3. 严格遵守安全操作规程、实训中心的各项规章制度和实习纪律 4. 按国家有关法规，发生重大事故者，取消实习资格，并且实习成绩为零分						10	
自评	综合评价		1. 组织纪律性，遵守实习场所纪律及有关规定 2. 良好的劳动习惯，实习岗位整洁 3. 实习中个人的发展和进步情况 4. 专业基础知识与专业操作技能的掌握情况						8	
互评	综合评价		1. 组织纪律性，遵守实习场所纪律及有关规定 2. 良好的劳动习惯，实习岗位整洁 3. 实习中个人的发展和进步情况 4. 专业基础知识与专业操作技能的掌握情况						8	
合　计									100	

学习活动 7　工作总结

学 习 目 标
1. 能正确规范地撰写总结。
2. 能采用多种形式进行成果展示。
3. 能进行经验交流。

学 习 过 程

引导问题
1. 请写出工作总结的提纲。

2. 请写出成果展示方案。

采用自我评价、小组评价、教师评价三种结合的发展性评价体系：

1. 展示评价（个人、小组评价）

把个人制作好的工件先进行分组展示，再由小组推荐代表作必要的介绍。在展示的过程中，以组为单位进行评价；评价完成后，根据其他组成员对本组展示的成果评价意见进行归纳总结并完成如下项目：

（1）展示的产品符合技术标准吗？

合格□　　　　　不良□　　　　　返修□　　　　报废□

（2）与其他组相比，本小组的产品工艺你认为：

工艺优异□　　　　工艺合理□　　　　工艺一般□

（3）本小组介绍成果表达是否清晰？

很好□　　　　　一般，常补充□　　　　不清晰□

（4）本小组演示产品检测方法操作正确吗？

正确□　　　　　部分正确□　　　　不正确□

（5）本小组演示操作时遵循了 6S 的管理要求吗？

符合工作要求□　　忽略了部分要求□　　完全没有遵循 □

（6）本小组的成员团队创新精神如何？

良好□　　　　　一般 □　　　　　不足□

（7）总结这次任务，该组是否达到学习目标？本组的建议是什么？你给予本组的评分是多少？

2. 自评总结（心得体会）

_____

_____

_____

3. 教师评价

1) 找出各组的优点进行点评。

2) 对展示过程中各组的缺点进行点评，提出改进方法。

3) 对整个任务完成中出现的亮点和不足进行点评。

4. 总体评价

_____

_____

_____

_____

_____

_____

_____

_____

_____

_____

_____

_____

任课教师：_____　　　　　_____年_____月_____日

8.3　信息采集

8.3.1　气动系统的安装与调试

1. 管道的安装

安装前应检查管道，管道中不应有粉尘及其他杂质，导管外表面及两端接头应完好，加工后的几何形状应符合要求。经检查合格的管道需吹风后才能安装。安装时按管路系统图中标明的安装、固定方法，并符合气动系统中管路安装的注意事项。

2. 元件的安装

1) 安装前应对元件进行清洗，必要时进行密封试验。

2) 各类阀体上的箭头方向或标记，要符合气流流动的方向。

3) 动密封圈不要装得太紧，尤其是 U 形密封圈，否则阻力过大。

4) 移动缸的中心线与负载作用力的中心线要同心，否则会引起侧向力，加速密封件磨损，使活塞杆弯曲。

5) 各种自动控制仪表、自动控制器、压力继电器等，在安装前应进行校验。

3. 气压系统的调试

（1）调试前的准备

1) 要熟悉说明书等有关技术资料，全面了解系统的原理、结构、性能及操作方法。

2）了解需要调整的元件在设备上的实际位置、操作方法及调节手柄的旋向。

3）准备好调试的工具及仪表。

（2）空载运行　空载运行不得少于 2h，观察压力、流量、温度的变化。

（3）负载试运行　负载试运行应分段加载，运行不得少于 3h，分别测出有关数据，记入试运行记录。

8.3.2　气动系统的使用维护

气动系统的使用维护分为日常维护、定期检查及系统大修。具体注意以下几个方面：

1）日常维护需对冷凝水和系统润滑进行管理。

2）开机前后要放掉系统中的冷凝水。

3）随时注意压缩空气的清洁度，定期清洗分水滤气器的滤芯。

4）定期给油雾器加油。

5）开机前检查各调节手柄是否在正确位置，行程阀、行程开关、挡块的位置是否正确、牢固。对活塞杆、导轨等外露部分的配合表面进行擦拭后方能开机。

6）长期不使用时，应将各手柄放松，以免弹簧失效而影响元件的性能。

7）间隔三个月需定期检修，一年应进行大修。

8）对受压容器应定期检验，漏气、漏油、噪声等要进行防治。

8.3.3　气动系统的故障诊断与排除

气动系统常见故障、原因及排除方法见表 8-1 ~ 表 8-6。

表 8-1　减压阀常见故障及其排除方法

故　障	原　因	排除方法
二次压力上升	阀弹簧损坏	更换阀弹簧
	阀座有伤痕，阀座橡胶剥离	更换阀体
	阀体中夹入灰尘，阀导向部分黏附异物	清洗、检查过滤器
	阀芯导向部分和阀体的 O 形密封圈收缩、膨胀	更换 O 形密封圈
压力降幅很大（流量不足）	阀口径小	使用口径大的减压阀
	阀下部积存冷凝水；阀内混入异物	清洗、检查过滤器
向外漏气（阀的溢流孔处泄漏）	溢流阀座有伤痕（溢流式）	更换溢流阀座
	膜片破裂	更换膜片
	二次压力升高	参看二次压力上升栏
	二次侧背压增加	检查二次侧的装置回路
异常振动	弹簧的弹力减弱，弹簧错位	把弹簧调整到正常位置，更换弹力减弱的弹簧
	阀体的中心，阀杆的中心错位	检查并调整位置偏差
	因空气消耗量周期变化使阀不断开启、关闭，与减压阀引起共振	和制造厂协商解决
虽已松开手柄，二次侧空气也不溢流	溢流阀座孔堵塞	清洗并检查过滤器
	使用非溢流式调压阀	非溢流式调压阀松开手柄也不溢流，因此，需要在二次侧安装溢流阀
阀体泄漏	密封件损伤	更换密封件

表 8-2　溢流阀常见故障及其排除方法

故　障	原　因	排除方法
压力虽已上升，但不溢流	阀内部孔堵塞	清洗
	阀芯导向部分进入异物	
压力虽没有超过设定值，但在二次侧却溢出空气	阀内进入异物	清洗
	阀座损伤	更换阀座
	调压弹簧损坏	更换调压弹簧
溢流时发生振动（主要发生在膜片式阀，其启闭压力差较小）	压力上升速度很慢，溢流阀放出流量多，引起阀振动	二次侧安装针阀微调溢流量，使其与压力上升量匹配
	因从压力上升源到溢流阀之间被节流，阀前部压力上升慢而引起振动	增大压力上升源到溢流阀的管道口径
从阀体和阀盖向外漏气	膜片破裂（膜片式）	更换膜片
	密封件损伤	更换密封件

表 8-3　方向阀常见故障及其排除方法

故　障	原　因	排除方法
不能换向	阀的滑动阻力大，润滑不良	加润滑油润滑
	O 形密封圈变形	更换密封圈
	粉尘卡住滑动部分	清除粉尘
	弹簧损坏	更换弹簧
	阀操纵力小	检查阀操作部分
	活塞密封圈磨损	更换密封圈
阀产生振动	空气压力低（先导型）	提高操纵压力，采用直动型
	电源电压低（电磁阀）	提高电源电压，使用低电压线圈
交流电磁铁有蜂鸣声	块状活动铁心密封不良	检查铁心接触和密封性，必要时更换铁心组件
	粉尘进入块状、层叠型铁心的滑动部分，使活动铁心不能密切接触	清除粉尘
	层叠活动铁心的铆钉脱落，铁心叠层分开不能吸合	更换活动铁心
	短路环损坏	更换固定铁心
	电源电压低	提高电源电压
	外部导线拉得太紧	让引线座导线宽裕些
电磁铁动作时间偏差大，或有时不能动作	活动铁心锈蚀，不能移动；在温度高的环境中使用气动元件时，由于密封不完善而向磁铁部分泄漏空气	铁心除锈，修理好对外部的密封，更换铁心组件
	电源电压低	提高电源电压或使用符合电压的线圈
	粉尘等进入活动铁心的滑动部分，使运动状况恶化	清除粉尘

（续）

故　障	原　因	排除方法
线圈烧毁	环境温度高	按产品规定温度范围使用
	快速循环使用时	使用高级电磁阀
	因为吸引时电流大，单位时间耗电多，温度升高，使绝缘损坏而短路	使用气动逻辑回路
	粉尘夹在阀和铁心之间，不能吸引活动铁心	清除粉尘
	线圈上残余电压	使用正常电源电压，使用符合电压的线圈
切断电源，活动铁心不能退回	粉尘夹入活动铁心滑动部分	清除粉尘

表 8-4　气缸常见故障及其排除方法

故　障	原　因	排除方法
外泄漏：活塞杆与密封衬套间漏气，气缸体与端盖间漏气，从缓冲装置的调节螺钉处漏气	衬套密封圈磨损，润滑油不足	更换衬套密封圈
	活塞杆偏心	重新安装，使活塞杆不受偏心负荷
	活塞杆有伤痕	更换活塞杆
	活塞杆与密封衬套的配合面内有杂质	除去杂质、安装防尘盖
	密封圈损坏	更换密封圈
内泄漏：活塞两端串气	密封圈损坏	更换活塞密封圈
	润滑不良，活塞被卡住	重新安装，使活塞杆不受偏心负荷
	活塞配合面有缺陷，杂质挤入密封圈	缺陷严重者更换零件，除去杂质
输出力不足，动作不平稳	润滑不良	调节或更换油雾器
	活塞或活塞杆卡住	检查安装情况，清除偏心，视缺陷大小再决定排除故障办法
	气缸体内表面锈蚀或缺陷	加强分水滤气器和油水分离器的管理
	进入了冷凝水、杂质	定期排放污水
缓冲效果不好	缓冲部分的密封圈密封性能差	更换密封圈
	调整螺钉损坏	更换调整螺钉
	气缸速度太快	研究缓冲机构的结构是否合适
损伤：活塞杆折断、端盖损坏	有偏心负荷	调整安装位置，清除偏心，使轴销摆角一致
	摆动气缸安装销的摆动面与负荷摆动面不一致；摆动轴销的摆动角过大，负荷很大，摆动速度又快	确定合理的摆动速度
	有冲击装置的冲击加到活塞杆上；活塞杆承受负荷的冲击；气缸的速度太快	冲击不得加在活塞杆上，设置缓冲装置
	缓冲机构不起作用	在外部或回路中设置缓冲机构

表 8-5 分水滤气器常见故障及其排除方法

故　障	原　因	排除方法
压力降幅过大	使用过细的滤芯	更换适当的滤芯
	滤清器的流量范围太小	更换流量范围大的滤清器
	流量超过滤清器的容量	更换大容量的滤清器
	滤清器滤芯网眼堵塞	用净化液清洗（必要时更换）滤芯
从输出端逸出冷凝水	未及时排出冷凝水	养成定期排水习惯或安装自动排水器
	自动排水器发生故障	修理（必要时更换）自动排水器
输出端出现异物	滤清器滤芯破损	更换滤芯
	滤芯密封不严	更换滤芯的密封，紧固滤芯
	用有机溶剂清洗塑料件	用清洁的热水或煤油清洗
塑料水杯破损	在有机溶剂的环境中使用	使用不受有机溶剂侵蚀的材料（如使用金属杯）
	空气压缩机输出某种焦油	更换空气压缩机的润滑油，使用无油压缩机
	压缩机从空气中吸入对塑料有害的物质	使用金属杯
漏气	密封不良	更换密封件
	因物理（冲击）、化学原因使塑料产生裂痕	参看塑料水杯破损栏
	泄水阀自动排水器失灵	修理，必要时更换自动排水器

表 8-6 油雾器常见故障及其排除方法

故　障	原　因	排除方法
油不能滴下	没有产生油滴下落所需的压差	加上文丘里管或换成小的油雾器
	油雾器反向安装	改变安装方向
	油道堵塞	拆卸，进行清洗修理
	油杯未加压	因通往油杯的空气通道堵塞，需拆卸清洗修理
油杯未加压	通往油杯的空气通道堵塞	拆卸清洗修理
	油杯大、油雾器使用频繁	加大通往油杯空气通孔，使用快速循环式油雾器
油滴数不能减少	油量调整螺钉失效	检修油量调整螺钉
空气向外泄漏	油杯破损	更换油杯
	密封不良	检修密封
	观察玻璃破损	更换观察玻璃
油杯破损	用有机溶剂清洗	更换油杯，使用金属杯或耐有机溶剂杯
	周围存在有机溶剂	与有机溶剂隔离

8.4 学习任务应知考核

1. 填空题

1）气源常见故障有＿＿＿＿＿、＿＿＿＿＿、＿＿＿＿＿、＿＿＿＿＿等。

2）气动减压阀常见故障有_____、_____等。

3）气动管路常见故障有_____、_____、_____等。

4）气动换向阀常见故障有_____、_____、_____等。

5）气动辅助元件常见故障有_____、_____、_____等。

2. 问答题

1）气动系统使用的注意事项有哪些？

2）气动系统元件的点检内容有哪些？

3）气动系统定期日常维护保养工作包括哪些？

参 考 文 献

[1] 刘建明，何伟利. 液压与气压传动 [M]. 北京：机械工业出版社，2014.

[2] 潘玉山. 气动与液压技术 [M]. 北京：机械工业出版社，2015.

[3] 曹华. 液压气动系统安装与调试 [M]. 上海：上海科学技术出版社，2016.

[4] 沈向东，李芝. 液压与气动 [M]. 北京：机械工业出版社，2009.

[5] 徐永生. 液压与气动 [M]. 2 版. 北京：高等教育出版社，2007.

[6] 张忠狮. 液压与气压传动 [M]. 南京：江苏科学技术出版社，2006.

[7] 周红，黄汉军. 机电设备系统安装与调试 [M]. 北京：机械工业出版社，2014.

参 考 文 献